认识中国

观天

郭红锋 著

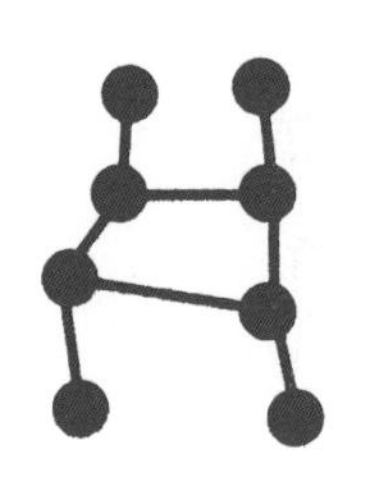
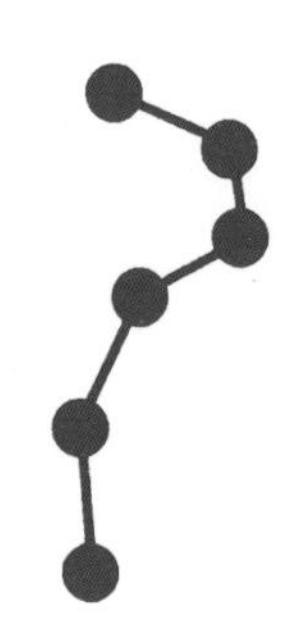
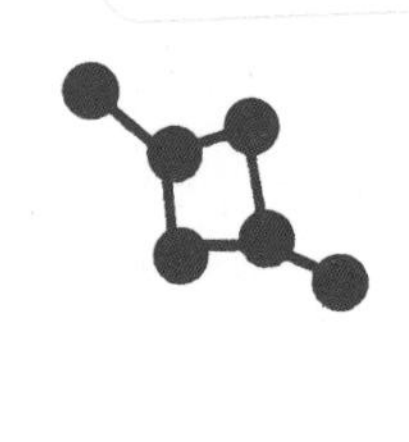

UNDERSTANDING

CHINA

丛书主编 周忠和　　执行主编 郑永春

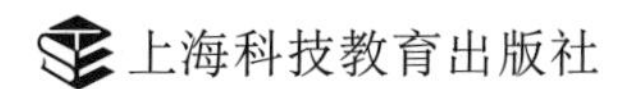
上海科技教育出版社

丛书序

“大哉我中华！大哉我中华！东水西山，南石北土，真足夸。泰山五台国基固，震旦水陆已萌芽，古生一代沧桑久，矿岩化石富如沙……”这首由尹赞勋、杨钟健两位地学泰斗在1940年作词的《中国地质学会会歌》，唱的就是华夏大地的锦绣山河。山川草木、江河湖海、水土矿藏、毛羽鳞介、文遗瑰宝、风土人情，长城内外，大江南北，正有多少大好景色等待着中国的少年们去探索、去体验！

然而，如今很多孩子从小生活在城市的钢筋水泥丛林中，远离大自然。“天苍苍，野茫茫，风吹草低见牛羊”，这样的画面他们或许只是读过，却从未见过；他们能认得小区楼下的蚂蚁和蜗牛，却没有观赏过草丛中一闪一闪的萤火虫，没有跟随过山林间成群起舞的蝴蝶；他们见到过动物园里懒洋洋的各地动物，但从来没有被它们自由驰骋的样子所震撼；他们没有下河抓过鱼，没有欣赏过漫山遍野的野花，闻不到泥土的芬芳，感受不到大自然的馈赠。出版这套“认识中国书系”，就是想帮助少年们认识祖国的山山水水、鸟兽鱼虫，只有认识了它们，才能从内心生发亲近之情，才能更加关切它们、热爱它们。

在中华文明史上，“中国”一词的含义曾不断发生变化。我们目前所能看到的最早的“中国”字样，出现于1963年陕西省宝鸡市出土的西周早期文物——何尊，距今约3000年。何尊上有铭文122字，其中包括“宅兹中国，自兹乂民”，意思是说，以此地为天下的中心，统治民众。这里的“中国”是指中央之地，帝都之所。历史上华夏族大多建都于黄河南北，所以称这里为“中国”，“中土”“中原”“中州”“中华”与此含义相近。“中国”的别称还有“九州”“禹域”“赤县”“神州”等。1912年后，“中国”成为中华民国的简称。1949年10月1日后，“中国”成为中华人民共和国的简称。中国上下五千年，纵横上万里，要认识中国今日取得的伟大成就，势必也要认识大美中华河山，以及与之相关的中华传统文化，两者密不可分。

梁启超先生在《少年中国说》写道："少年强则国强，少年智则国智。"希望这套丛书可以为少年启智，助少年成长。丛书带着少年们去了解的，既有科学，也有人文，其中"中国事""中国人"，精彩纷呈，相映成辉；阅读之后，少年们不仅收获知识，更收获思维、方法、精神；不仅开阔视野，更陶冶情操。

人生最好是既能读万卷书，又能行万里路，两者相得益彰。期盼我们的"认识中国书系"可以成为少年们尽览华夏大地璀璨风貌的亲密伙伴！

认识中国，是为了更好地热爱这片大地，为了建设更美好的中国！

周忠和

中国科学院院士

中国科学院古脊椎动物与古人类研究所研究员

中国科普作家协会理事长

前言

本书的书名，主要是配合“认识中国书系”而定，内容聚焦中国人对星空的探索。战国时期的伟大诗人屈原在长诗《天问》中写道：“天何所沓？十二焉分？日月安属？列星安陈？”这体现了中国古人对天地开辟、宇宙起源、星辰运转等问题的深刻思考。今天，天文学上星空（或说天球）的意义一般指以观测者为中心的球形（半径无穷远）空间里分布的天体和发生的天文现象。

地球上的观测者能看到的星空范围与观察点的纬度有关。中国幅员辽阔，南北纬度跨越近50度，所以在中国南方看到的星空与在中国北方看到的星空是略有不同的。中华文明的发祥地，以及中国古人寻求的天下中心（地中）基本上在北纬35°附近，这个区域也称中纬度地区，本书涉及的星空和天象基本上是在这个地区的观察者可见的。

既然“认识中国书系”主要介绍各方面有中国特色和中国符号的科学人文知识，《认识中国观天》也就跟一般介绍天文科普知识的书籍有所区别：一方面，精选了部分中国古天文的内容，帮助读者了解中国古人怎样通过观察星空、记录天象、制作仪器、测量数据，进而认识天体运行规律、制定历法，形成了有别于西方的、具有中国特色的中国古天文体系和传承；另一方面，针对当代宇宙探索进展，介绍了中国从起步到追赶再到腾飞的科学技术发展历程，特别举例如中国郭守敬望远镜、中国天眼、中国巡天望远镜、中国月火探测、中国空间站系列、中国地外探索计划等，这些都是青少年读者特别感兴趣并且今后有机会投身其中的。此外，结合青少年天文素养的培养，特地增加了中国从北到南四季实地观星的操作和具体指导。

仰望浩瀚星空，探索无尽宇宙，就让梦天之旅从这本书出发吧！

怎样读这本书

不要怀疑，《认识中国观天》就是一本为你定制的书。在中国科学院国家天文台老师的指导下，星空对你来说将不再是“陌生人”。

本书讲述中国人从古到今、从认识星空到探索宇宙的历程。精选中国古天文的内容，介绍古人如何观察星空、记录天象、认识天体运行规律，今人在航天事业上取得了哪些辉煌成就。

在阅读这本书时，你会发现一些简短有趣的小栏目，那是你探索星空旅途上的路标。

“科学概念”对文中出现的科学名词进行解释，帮助你全面理解它们。

“科学思维 · 科学方法”帮助你梳理相关的科学思维和科学方法，这样你就可以慢慢培养良好的科学思维习惯，学会应用一系列科学方法，像科学家那样去解决遇到的各种难题。

“文化漫游”把科学和中国传统文化结合在一起，为你打开新的探索之门。

“趣味坊”为你带来跨学科、跨领域的学习材料，为你的阅读增加一点“调味料”。

“再想一想”提醒你在科学探索的旅程中，新的问题一直会生发出来，永远不要忘记问“为什么”“会怎么样”。

“中国人 · 中国事”向你展现了中国科学家在星空探索中所经历的艰苦历程和取得的傲人成就，请你为他们自豪吧！

在每一章的最后，为你提供了“交流展示”的机会，希望你边读、边想、边做，把你的成果记录在这里，让它们成为以后进一步探索的阶梯。

祝你的星空探索之旅顺利！

目录

第一章

中国古代宇宙观

仰望美丽迷人的暗夜星空，每个人都会被感动并产生无限的遐想，进而生发探索的欲望。星空最壮丽的景象莫过于夏夜的银河，它似宽大的乳白色飘带，从南到北，贯穿于整个天空。躺在草地上，数着点点星光，与古人或遥想的外星人对话，将是多么惬意的事啊！

一 | 认识宇宙初尝试

科学家根据观测数据合成的银河系全貌 Ⓟ

古往今来，世界各地的人们都在观察星空，运用天体的运行规律指导生产生活。也有很多思想深邃的先哲们在思考、探索并解释宇宙的结构和运行机制。人类对星空的观察从未停止，对宇宙的探索前赴后继。远古的人们用昼夜循环来记日子，用日月星辰的变化来记时间、定节令、指方向；后来的人们编制了历法，用以长期指导生活和农牧业生产。例如，中国的二十四节气就是古人根据长期观察到的太阳在天空中的运动规律而确定的，几千年来一直发挥着重要作用，沿用至今。

古人不仅观察天空，还思索宇宙的模型和架构。中国有浑天说、盖天说、宣夜说等，西方有地心说和日心说。地心说（与中国的浑天说有类似的地方）在很长一段时间里可以解释大部分观测事实，例如日月星辰在天空中的运动，因此统治了西方宇宙观长达1000多年。在中国，千年来浑天说一直占统治地位。

地球只是宇宙的一隅，古人在不知情的情况下，一边跟随地球不停地旋转（比坐旋转木马还要复杂，自转的同时还要公转），一边观察整个宇宙。把我们从地球上看到的天体视运动现象还原成宇宙本真的运行规律，谈何容易！古人通过肉眼观测、工具测量等方法，观察到许多现象，经过记录、总结、归纳、推理，找到了一些规律，他们虽然不知道这些规律的原理，但已经用它们来指导当时的生产生活；又经过数代人的不懈努力和

科学思维
科学方法

观察

要认识星空，最基本的科学方法就是观察。观察是有目的、有计划地运用感官来知觉事物或者现象。观察以视觉为主，将其他各种感觉融为一体。观察经常要借助工具，并且和积极的思维过程相结合，有明确具体的目的，不是泛泛而看。有效的观察往往还需要一定的知识基础、分析和综合能力、记录和整理数据材料的具体方法等。观察是科学实践的重要内容。

探究，形成了一些假说或模型；再经过实验来验证这些学说、完善理论或者模型，从而探究出宇宙本真的冰山一角。

随着科学的进步，观测事实的增加，理论分析能力的提高，这些假说、模型被不断地更新和纠正，但就其对当时以及后世科学发展的影响而言，它们还是很了不起的。这些假说和模型虽然并不完善，甚至有错误，但毕竟是人类认识宇宙和解释宇宙的初步尝试。

我们今天能获得对宇宙的复杂认识，都是以先哲们几千年来不懈努力、不停求索、蹒跚进步为基础的。中国人认识星空的历史十分久远，体系周密，传承千年，曾经取得了辉煌的成就，在世界古天文发展史上占有举足轻重的地位。中国是世界上天文学发展最早的国家之一，几千年来积累了大量宝贵的天象记录和天文观测资料。中国古代天文学记载浩如烟海，分布在各种古代民间传说、民俗民谣、诗词歌赋、占星记述、地方史志、历史典籍、天文专著等文献中，

月食是古人最早观测的天文现象之一 Ⓥ

文化漫游

夜宿山寺

唐 李白

危楼高百尺，
手可摘星辰，
不敢高声语，
恐惊天上人。

科学概念

视运动

天体视运动指的是地面观测者直观观测到的天体的运动，主要是由地球自转引起的。对太阳系内的天体来说，地球绕太阳公转和这些天体本身的空间运动也是形成天体视运动的重要原因。

其数量可与数学文献比肩，仅次于农学和医学。天文学是中国古代最发达的四门自然科学（数学、农学、医学、天文学）之一。

提起中国古代对宇宙的认识，很多人会想到这句话：“上下四方曰宇，往古来今曰宙。”此句出自鬼谷子的老师尸佼所著《尸子》一书，原文虽早已失传，但后世文献多有引用，流传至今。

根据《说文解字》：“宇，屋间也。”“宙，舟舆所极覆也。”“宇”原指房顶，后来表示房屋，再后来扩展为空间。“宙”原意也表示房屋的栋梁，后来指舟车所到达的地方，再后来又引申为指古往今来所有的时间。“宇宙”这两个字合在一起使用，最早出自《庄子》：“旁日月，挟宇宙，

清乾隆年制镀金方月晷仪（甲子款）Ⓣ

为其吻合。”这里的“宇”指一切空间，“宙”指一切时间。这里宇宙的概念已经涵盖了时间和空间，说明古人对宇宙有了新的认识。

从古天文学的研究资料中我们可以得知，中国先民在远古时期就会观察天象，并掌握了一些天体运动的规律，将计时间、编历法、辨方向、算节令等运用到生活中。

通过观察天象，中国古人领悟到星空在有规律地围绕着一个中心旋转，这个中心被称为北极。大约 5000 年前，有一颗比较亮的星（中国称右枢，西方称天龙座 α）非常接近北极，这颗离北极最近的亮星就被称为北极星。北极星被视为天上中心的象征。

认识了北极和群星环绕北极旋转之后，古人又发现群星好像镶嵌在一个硕大的穹幕上，群星都跟着穹幕旋转，而旋转的中心点就是北极点，从而自然地产生了天球和天赤道的空间概念。而这样形成的天球赤道坐标的空间概念为后期标注恒星的位置提供了方便，几千年来代代相传，成为中国独特的古代赤道坐标系星空体系。

东汉壁画，上有北斗、天帝、日神、月神及青龙、白虎、朱雀、玄武等四象（南阳市汉画馆藏）

古人对太阳的观察更是既方便又实用：通过观察日影的变化掌握了时间、方向、季节等规律，又通过日出日落的位置变化，了解了季节的轮回。古人还发现白天的太阳与夜间的群星旋转运动是有关联的。长期观察太阳在群星中运行的轨迹（即黄道），以及太阳每天在黄道上运动的空间距离，确定了每365.25日太阳完成黄道一周的运行，所以中国很早就确定了一年的长度是365.25日、周天度数是365.25度的计量体系。

古人发现月亮圆缺的变化周期很明显，利用这个周期很容易记录比“日”更长的时间间隔，所以古人就以月亮的圆缺周期作为“月”的计时单位，这样就有了“日”（白天黑夜的周期）、“月”（月亮的圆缺周期）和“年”（四季的周期）这样的计时体系或历法。中国古人为了统一日、月、年的周期，又创立了阴阳合历的中国特有历法，从而使几千年延续下来的“观象授时，服务于民”的中国古代天文学最直接的目的得以发扬光大，薪火相传。

中国古代先贤一直在探索宇宙，产生了各种宇宙学说，流传下来比较有影响的主要有三种——盖天说、浑天说和宣夜说。

二 | 天圆地方盖天说

“天圆地方”的盖天说 Ⓢ

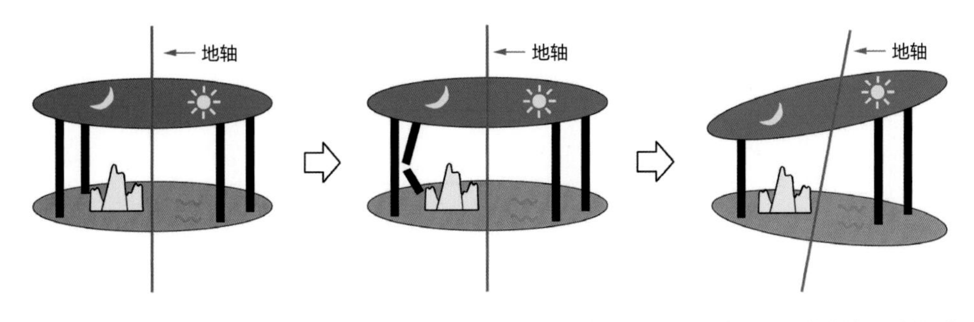

天柱支撑在天地间 Ⓖ

"天圆地方"，是中华民族非常古老的宇宙认识。如果我们立足于古人的处境，想象站在野外平坦而空旷之处，观察视力所及的周围世界，从而给出描述"天圆如张盖，地方如棋局"，一点也不会令人感到奇怪。这样产生的"盖天说"是一种朴素的、自然的、对宇宙的主观认知。

后人指出原始盖天说有漏洞：天是圆的，地是方的，这二者合不上啊！于是有人试图完善这个说法，提出天地并不相接，而是像亭子一样由天柱支撑。中国上古神话中，共工怒触不周山，不周山就是八根擎天柱之一。擎天柱折了一根，于是天倾西北地陷东南，接下来的女娲补天等神话，就是基于这些传说。

盖天说经过历代改进，对天与地的描述就变成了"天象盖笠，地法覆槃"，这句话出自《周髀算经》，意思是说：天像车盖或斗笠，地像倒扣的盘子。这时候天仍然是圆的，似斗笠盖住大地，但原先方形平坦的大地改为了拱形大地（中间高四周低，像倒扣的盘子），而且天地之间有了数学的描述（天地距离八万里），天穹的中央是北极，日月星辰就围绕这个极旋转不息。

《周髀算经》记载："候勾六尺，从髀至日下六万里，而髀无影。从此以上至日，则八万里。"

这段话的意思是：当影长六尺时，观测点距离髀无影之处就是六万里，套用"勾三股四弦五"，勾六股就是八，因此"候勾六尺"时"日高八万里"。

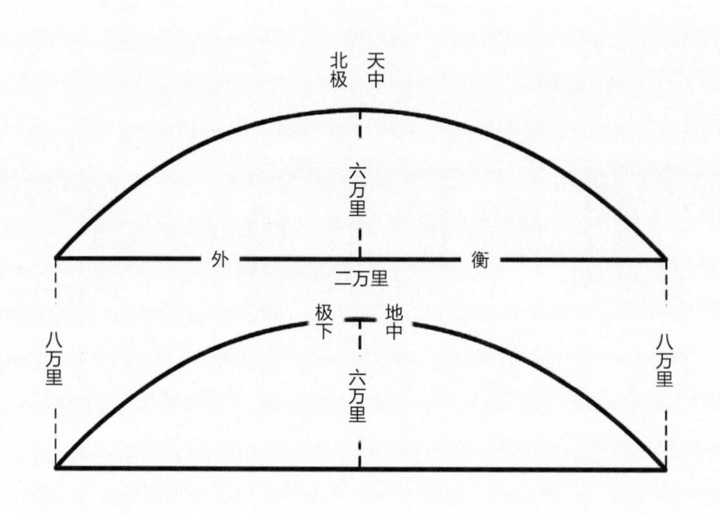

盖天说示意图 Ⓖ

盖天说是中国古代历代传承并不断改进的学说，其观点并不仅仅停留在“天圆地方”这样简单朴素的描述上，它为天文学研究提供了较多的方便，得到了各种应用：

绘制天文图——天文学研究离不开天文图，而绘制天文图总要有一种参照系，使图上所反映的天文实际有条理、有次序。盖天说提供了这种参照系。盖天说以北极为中心，与二十八宿、三垣相结合，形成了一个现成的天文图构架，特别是这种天文图与秦汉以来中国以皇权为中心的社会政治相吻合。这就是“盖天图”。

天文计算——在《周髀算经》中与盖天说相伴的计算法主要是相似勾股形理论，其核心是勾股定理。正是由于天文（还可能有水利工程）计算首先使用了勾股定理，勾股定理才进入数学领域，成为数学的组成部分。盖天说给勾股定理的建立提供了理论基础，即大地为平面。“从髀至日下六万里”是一条在地平面上的直线，这才能够使用勾股定理。

天文大地测量——天文测量在《周髀算经》中占有重要地位，用八尺高的表进行观测或测量是盖天说的主要组成部分。施行测影的基础是必须有大地，就是天盖之下的大地。太阳在天上运行，而八尺表的影子投在地面上。这种测量，历代天文学家都在进行。

子午线测量第一人 —— 一行

一行（683—727年）是唐代高僧，原名张遂，从小就对天文历法感兴趣，青年时代已成为长安城中的知名学者。

一行 Ⓟ

一行对天文学作出了许多重要贡献，成就遍及历法、天文仪器、大地测量等许多方面。公元724年，一行发起并领导了一次大规模的天文大地测量，共有13个测点，北起铁勒（今贝加尔湖附近），南达林邑国（今越南中部）。测量项目包括当地北天极的地平高度（相当于当地的地理纬度），冬至、夏至、春分、秋分时的日晷影长，以及冬至和夏至的昼夜时间长度等。这样的规模在世界科学史上都是空前的。通过实测及分析计算，一行得出一个结论：南北两地相距351里80步，北极高度就差一度。用今天的话来说就是：子午线1° 的实际弧长为131.11千米。这个结果并不十分精确，但它却是世界历史上首次实测子午线的长度。其他国家首次实测子午线是在公元841年，在美索不达米亚平原进行，那已经是在一行去世86年之后了。著名科技史家李约瑟把一行等人的测算称为“科学史上划时代的创举”。

一行还提到了南北各地观察到的星空有所不同，例如某些星星在一地见不着而在另一地则见得着，这是地面存在曲率所致。可惜他们没有由此总结出地球是球形的结论。这是中国古代科技史上最令人遗憾的事情之一。

一行于公元727年与世长辞，年仅44岁。

三 | 天球运转 浑天说

清代挂毯上的天体仪（浑象）（英国国家海事博物馆藏）

观天仪器——浑仪，浑天说学派用浑仪的精确观测事实论证浑天说 Ⓥ

春秋战国时期，屈原在《天问》中写道："圜则九重，孰营度之？"这里的"圜"（即环或圆），有天球的意思。西汉末年的天文学家扬雄在解说《天问》时，提到了"浑天"这个词，这是现今所知关于浑天说的最早记载。扬雄说："或问浑天。曰：落下闳营之，鲜于妄人度之，耿中丞象之。"这里提到了三个人及他们的贡献：落下闳（汉武帝时期的天文学家）构建了"浑天说"；鲜于妄人（汉昭帝时期的天文学家）检验了落下闳的浑天说数据；耿寿昌（汉宣帝时的大司农中丞）则用铜铸造了浑仪观测天象。由此可见，西汉末年已有较为完善的浑天说，而且还制造了浑仪观测天象。

浑天说提出后未能立即取代盖天说，而是两家争论不休。但是，在宇宙结构的认识和天体运行的描述上，浑天说要比盖天说进步很多，能更好地解释许多天文现象。

浑天说的支持者手中握有两大法宝：一是浑仪（当时最先进的观天仪器），浑天说学派可以用浑仪的精确观测事实来论证浑天说，这是盖天说所无法比拟的；另一个就是浑象（一种演示天象的仪器），利用它可以形象地演示天体的运行，使人们不得不折服于浑天说的卓越思想。因此，后来浑天说逐渐取得了优势地位。到了唐代，天文学家一行等人通过天地实测，纠正了盖天说的一些推测数据，进一步稳定了浑天说的权威地位，使浑天说在中国古代天文学领域称雄了上千年。

浑天说认为全天恒星都布于一个“天球”上，日月星辰则附着于“天球”上运行，这与现代天文学的天球概念十分接近。浑天说采用了类似现代的球面坐标系，如赤道坐标系来量度天体的位置，计量天体的运动。所以，浑天说不仅是一种宇宙学说，而是一种观测和测量天体视运动的计算体系，类似现代的球面天文学。

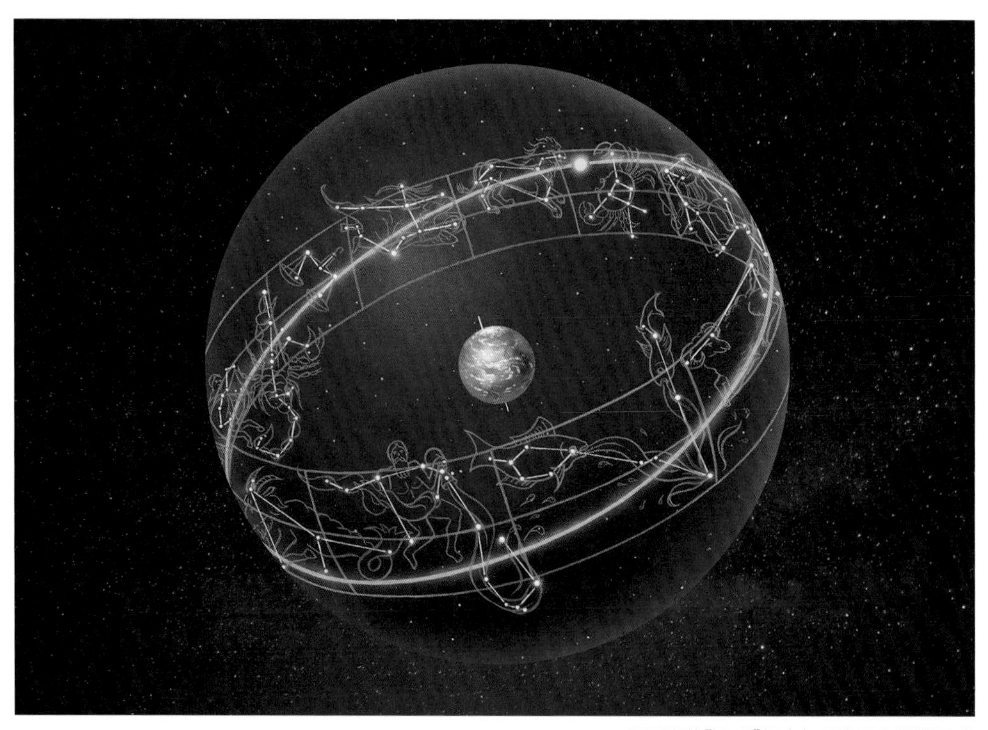

浑天说的“天球”概念与现代天文学接近 Ⓥ

世所罕见的全才学者——张衡

张衡（78—139年）生于南阳（今河南省南阳市），是东汉时期杰出的天文学家、数学家、发明家、地理学家、文学家，对中国古代天文学、机械技术、地震学的发展作出过杰出的贡献。

张衡 Ⓟ

张衡是浑天说的代表人物，他设计制造了用来演示浑天说的“漏水转浑天仪”，简称浑天仪，其功能与现代的天象仪相似。张衡还对耿寿昌制造的浑象作了改进，用一套齿轮传动装置将浑象同漏壶联系起来，以漏壶滴水推动浑象均匀地绕南北极轴旋转，并使它与我们所能看到的天体的周日运动同步。人在室内观察浑象，就可以知道天空中哪颗星星正处在哪个位置上。漏水转浑天仪及浑象对中国天文仪器的发展产生了很大的影响，唐宋时代人们在其基础上研制出了更加精致的天文钟和天象演示仪器。张衡还著有《灵宪》《浑仪图注》等，专门解释浑天说和浑天仪。

张衡观测和研究了许多具体的天象，如统计出中原地区能够看到的恒星大约有2500颗，基本掌握了月食的原理，测出了太阳和月亮角直径的近似值等。公元132年，张衡还制造了世界上第一架测验地震的仪器“候风地动仪”。

公元139年，张衡与世长辞。由于他的突出贡献，国际天文学联合会将月球背面的一座环形山命名为“张衡环形山”，将太阳系中的1802号小行星命名为“张衡星”。

四 积气光耀
宣夜说

宣夜说认为宇宙万物的本源为“气” Ⓢ

“杞人忧天”的故事 Ⓢ

我们很熟悉的成语“杞人忧天”，就是一个关于宣夜说的故事。说杞国有一个人（杞人）总是担忧天会塌下来，有人告诉他：“天就是一团气，我们每天都在气的包围中生活，没见它塌下来呀。”杞人又问：“那天上的日月星辰落下来怎么办？”那人又解释，日月星辰也不过是一团会发光的气，就是落下来，也砸不坏人的。杞人听了这话便安心下来。

这个故事中，开导杞人的观点就反映了当时元气学说的宇宙观和天文学上的宣夜说的思想。

战国时代，道家中有一派提出了朴素的元气学说，把宇宙万物的本源归结为“气”。这个“气”，可以上指日月星辰，下指山川草木。同时代的名家学派创始人惠施，又提出了“至大无外，谓之大一；至小无内，谓之小一”这样朴素的无限大和无限小的思想，为宣夜说的宇宙无限观念奠定了基础。

文化漫游

宣夜说的历史渊源可以上溯至战国时代。《庄子·逍遥游》写道：“天之苍苍，其正色邪？其远而无所至极邪？”意思是：天空的湛蓝是它真正的颜色吗？说不定是高旷辽远而没法看到它的尽头呢？这里表达了古代哲人对宇宙无限的猜测。

后来宣夜说有了进一步的发展，认为日月星辰本身也都是由气组成的，只不过是发光的气，如《列子·天瑞篇》中说："日月星宿，亦积气中之有光耀者。"三国时代杨泉在著作《物理论》里说："气发而升，精华上浮，名之曰天河，一曰云汉，众星出焉。"他认为银河也是气，恒星从中生出。

在古人的思辨性自然哲学中，宣夜说的这些猜测是很独到的，与现代人对宇宙的认知有诸多相似之处。但是长期以来，宣夜说只停留在思辨层面，没有提出对天体位置的标定和运动的度量等，这也是宣夜说不能得到广泛发展的重要原因。因此，自汉代以后，宣夜说的观点就渐渐被人们淡忘了。

《物理论》进一步推动了宣夜说 Ⓟ

交流展示

1. 我热爱星空，我眼中的星空是这样的（文字或图片）：

2. 我听过的一个与星空有关的故事是这样的：

3. 我对宇宙的认识是这样的：

第二章
跟着古人夜观天象

诗经·小雅·大东(节选)

维天有汉,监亦有光。跂彼织女,终日七襄。

虽则七襄,不成报章。睆彼牵牛,不以服箱。

东有启明,西有长庚。有捄天毕,载施之行。

维南有箕,不可以簸扬。维北有斗,不可以挹酒浆。

维南有箕,载翕其舌。维北有斗,西柄之揭。

古人很早就发现天体都在有规律地运行,这些规律可以帮助人们计时间、辨方向、定季节、算年月。这些规律的应用被经年累月地记录下来,传承至今。

一 观天象 定季节

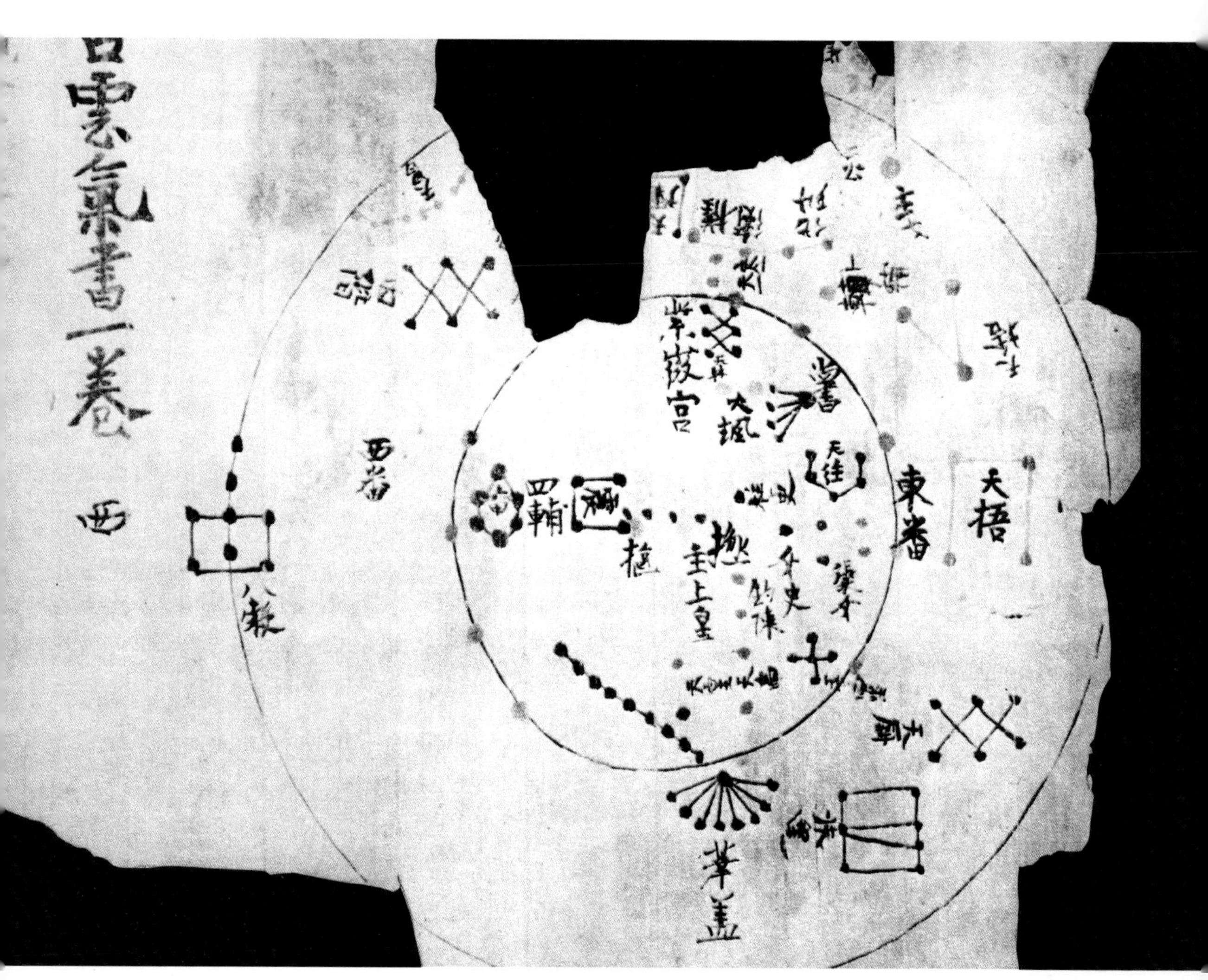

敦煌星图被李约瑟誉为“世界上最早的科学星图”，此为敦煌星图乙本（甘肃省敦煌博物馆藏）

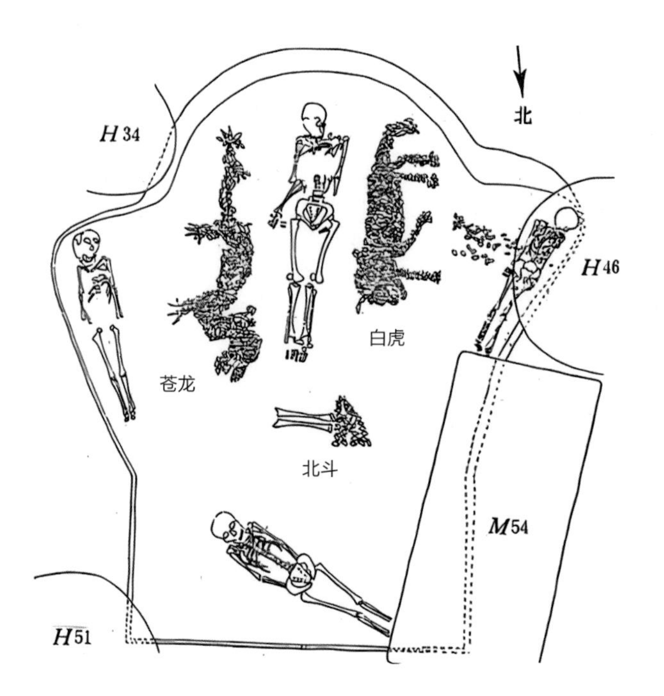

河南省濮阳市西水坡遗址墓葬中的星象，其中的苍龙被考古学家称为“中华第一龙” Ⓖ

文化漫游

明末清初的大学问家顾炎武在《日知录》里说：“三代以上，人人皆知天文。七月流火，农夫之辞也。三星在天，妇人之语也。月离于毕，戍卒之作也。龙尾伏晨，儿童之谣也。”意思是说，夏商周三代的时候，人人都懂天文，普通人的日常用语里都包含着天文学知识。能总结出这样通俗易懂、脍炙人口、妇孺皆知的天象规律，是古人长期观察、总结、运用、流传的结果。

上古时期，人们对日月星辰的认识主要靠口传沿袭，目前我们只能从散落各处的岩画、壁画、各种出土文物的纹饰图案、甲骨文和金文等碎片中寻找蛛丝马迹。

例如，1987 年在河南省濮阳市西水坡发现的古墓葬群中（距今约 6500 年），有一个墓中斗柄接龙角，斗勺接虎头，与《史记》中记载的“杓携龙角”“魁枕参首”的北斗指向描述一致。据天文考古专家考证，这是一幅标准的青龙、白虎、北斗星象图，是中国乃至世界上发现最早的天文星象图。这说明中国古人通过细致观察和记录，在远古时代就已经形成了对天象的初步认知。

中国最早用文字记载下来的有组织的天象观测活动，可追溯到古代历史典籍《尚书》。《尚书 · 尧典》中记载，中国上古时期即已设置专门的官员，并由官方对

汉代墓葬中出土的“五星出东方利中国”织锦物 Ⓟ

西汉壁画上的星图与星象（西安交通大学藏）

“四仲中星”进行观测定季活动，即以观测鸟、大火、虚、昴四星在黄昏时正处于南中天（“中星”）的日子来确定一年当中的四仲季节。这里的“四仲”指仲春、仲夏、仲秋和仲冬，也就是我们现在说的春分、夏至、秋分和冬至，简称“二分二至”。“中星”指的是到达中天的某颗星。因天体运动在地面以上的轨道是圆的一部分，所以在达到最高点时称为“中天”。中国古代文明发祥地位于中纬度地区，在此地人们观察到的天体运动轨迹都是向南倾斜的圆的一部分，任何天体的“中天”就是其运行轨迹圆圈的正南最高点，故古人称为“中星”。

四仲中星就是四颗特定的季节标志星。古人在黄昏时一旦看到它们之中的某一颗正在中天，就能确定是什么节气（仲春、仲夏、仲秋和仲冬）到了。

天上的群星时时刻刻都在运动，观察某颗星到达最高点的时刻需要统一在黄昏时。古代空气污染很少，地面也没有其他光亮，黄昏时候在中天的星人们用肉眼就可以看见。

这里所讲的四颗星，其星名（鸟星、大火星、虚星、昴星）在流传过程中并没有连续的文献记载可考（但可能在有文字以前就已经口口相传了）。它们具体对应哪四颗星，后世不很确定，历史学家也多有争议。许多人根据岁差进行推算，估计最晚对应商末周初（公元前 1000 年左右）时期的天象。现代天文史学家一般认为：鸟星为星宿一（对应现代西方星名长蛇座α），大火星为心宿二（对应现代西方星名天蝎座α），虚星为虚宿一（对应现代西方星名宝瓶座β），昴星为昴宿六（对应现代西方星名金牛座η）。

以上通过观察四仲中星来确定季节的记载，说明古人已经从长期观察星空的实践经验中，发现了天空中的恒星有季节性出没的规律：一些特定的恒星到一定的季节就会出现在天空中的特定位置，这样有规律的现象可以用来指示季节。于是在没有历法的时代，人们就通过观测特定恒星在天空特定位置出现的时刻来确定季节。由此可见，天象是人类认识宇宙的大课堂，也是后来我们从地球走向宇宙深处的入口。

文化漫游

《尚书·尧典》中关于“四仲中星”定季节的记载如下：

“日中，星鸟，以殷仲春”；“日永，星火，以正仲夏”；“宵中，星虚，以殷仲秋”；“日短，星昴，以正仲冬”。

意思是：日出正东那天的初昏时，鸟星升到中天，是仲春(春分)，这时昼夜长度相等；太阳最高那天的初昏时，大火星升到中天，是仲夏(夏至)，这时白昼时间最长；日落正西那天的初昏时，虚星升到中天，是仲秋(秋分)，这时昼夜长度又相等；太阳最低那天的初昏时，昴星升到中天，是仲冬(冬至)，这时白昼最短。

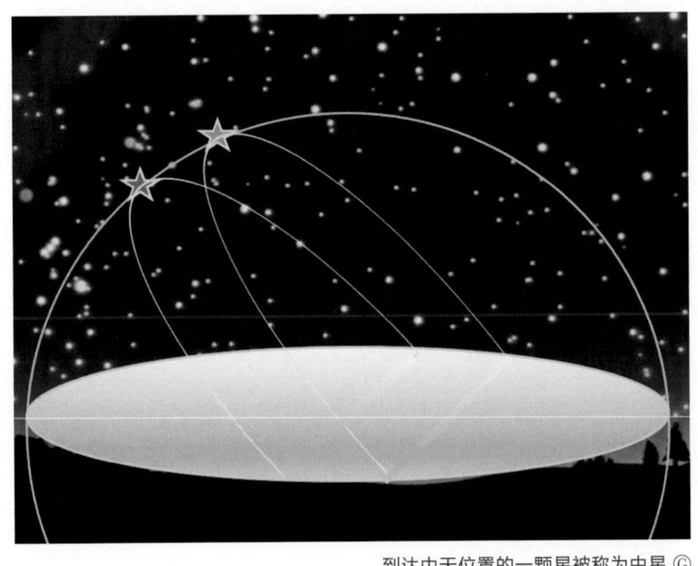
到达中天位置的一颗星被称为中星 Ⓖ

二 观天象 定北极

清代徐杨画作《日月合璧五星联珠图》局部，展现古人正在观测天象（台北故宫博物院藏）

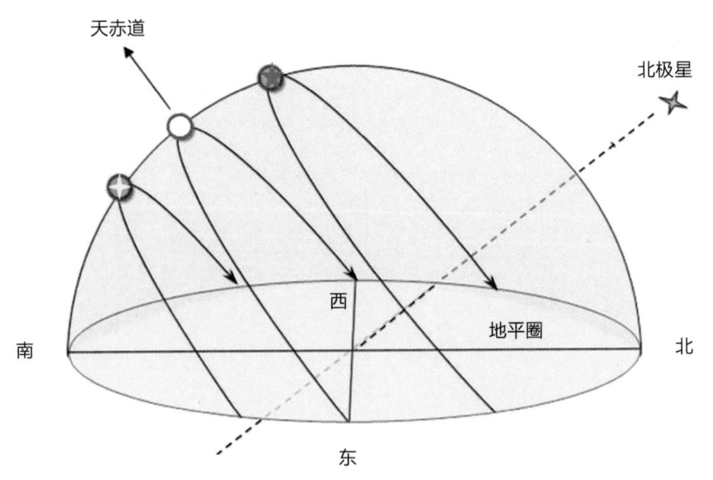

北极和北极星的位置示意图 Ⓖ

中国古代先民很早就注意到了天空中的星星好像镶嵌在天幕上，而这个天上的大幕在自东向西旋转，每昼夜旋转一圈。那么旋转的中心在哪里呢？古人发现北方天上有个点是不动的，称为北极，天幕上的星星都在围绕北极转圈圈。

为了帮助人们肉眼观星时容易辨认出北极，古人还找了离北极点很近的一颗亮星作为“北极星”。当然真正的北极点不一定有合适的亮星，人们就用离真实北极很近（一般在 1° 以内）的亮星作为“北极星”。我们现在使用的北极星是小熊座α（中国星名叫勾陈一，距离真实北极约 0.5°）。

根据史书记载和流传下来的中国古代星名，天文学家发现曾经做过北极星的不止一颗星，右枢、帝星等都曾做过北极星。为什么有这么多的星做过北极星呢？难道北极星是轮换当的吗？人们通过长期观察发现，天上的恒星自

文化漫游

根据文献记载，古希腊科学家喜帕恰斯（约公元前2世纪）在对比前人记录和当时他自己观测的结果时发现了岁差，是西方最早发现岁差的人。

在公元330年左右，中国天文学家虞喜研究了历史上冬至点的观测结果，比较自己的实地观测后发现，“尧时冬至日短星昴，今二千七百年乃东壁中，则知每岁渐差之所至”。于是他得出结论，认为冬至点每50年西移一度。这个结果比喜帕恰斯的结论（每100年差1度）精确。虞喜据此大胆地提出了“岁自为岁，天自为天”的结论，创立了“岁差”的概念。

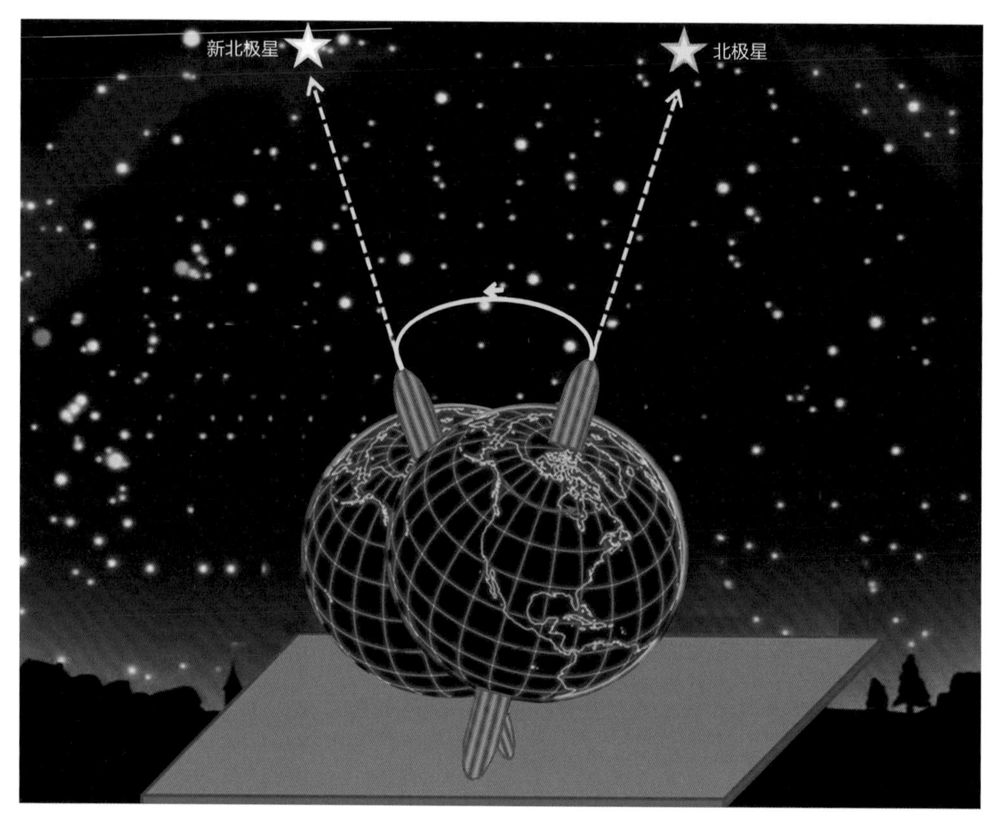

北极星是会变化的 Ⓖ

古至今的分布都没有变，即恒星之间的相对排列位置没变。既然这样，那就说明北极点有变化。

现在我们知道，原来我们的地球是围绕着自转轴不停旋转的，这个自转轴的指向就是天上的北极点。我们生活在地球上，跟着地球一起转，就像坐旋转木马一样。地球很大，我们感觉不到自己在转，只是看到天空中的星星在围绕一点（北极）转圈。而且地球自转好像陀螺旋转一样，自转的同时还在不停地摇动（近代物理学称此现象为“进动”）。但地球这个“大陀螺”的摇动速度是非常缓慢的，大约 26 000 年才会摇动一圈，这就使得看起来群星围绕其旋转的北极点在短时间（几百年）内是不变的，但长时间（上千年）就有变化了。所以历史上古人换过多颗星作为当时指示北极点的“北极星”。

右页上的图指出了古今曾经做过北极星和未来即将作为北极星的一些星星，图中的绿圈代表北极点的移动轨迹。

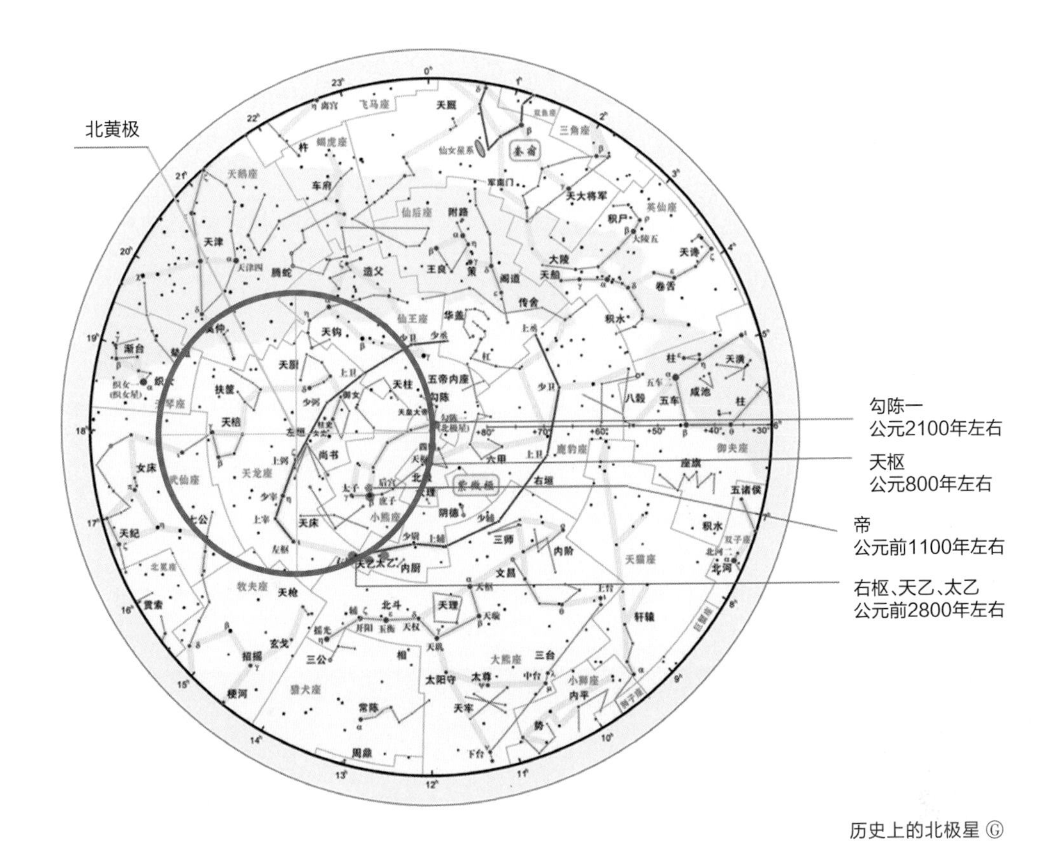

历史上的北极星 Ⓖ

极点的变化虽然缓慢，但通过长期观察天空中群星的运动，人们可以发现旋转中心（北极点）的变化以及黄道附近群星位置的系统（整体）变化，再通过数据的比较和推算，得出北极点每年的变化量，这就是岁差。由此可见，中国观星历史的悠久和知识的积累传承是多么重要！如果没有历代的观测和记录，光靠一代人，甚至几代人，都不可能发现天上群星的运动有这么长周期的变化。

晋代天文学家虞喜（281-356年），也在比较自己的观测记录与前人的观测记录中发现了岁差，后来，南北朝时期的天文学家祖冲之首先将其引入到历法推算中。直到现在，我们的天文历法、天文星表等数据都必须定期加以岁差修正。

科学思维
科学方法

比较

中国古代天文学家通过比较自己和前人的观测记录，发现了岁差，可见比较也是一种重要的科学方法。比较就是根据一定的标准，把彼此有某种联系的事物加以对比，从而找出它们的相同和不同之处。

三　观天象　认北斗

北斗七星 Ⓖ

东汉画像石（局部），北斗七星为天帝的车驾（哈佛大学图书馆藏）

北斗七星因形状像古代量器“斗”而得名。其中天枢、天璇、天玑、天权组成的四边形为斗身，玉衡、开阳、摇光组成的弯形为斗柄。这七颗星在中国古代中原地区四季可见。

科学思维 科学方法

想象

北斗七星以及很多星座的命名很大程度上依赖于我们的想象。想象就是在脑海中对原有的事物形象进行加工改造，形成新形象的心理过程。想象对于创造性活动和新知识经验的产生非常重要。

用北斗指示时间

古人发现北斗七星整体围绕着北极点转圈，因此远古时期人们就把北斗七星当作天空大钟表的指针了。古人发现北斗七星每昼夜转一周，因此有经验的观星者根据斗柄的指向变化就可估算出夜间大致的时辰。

不过，用北斗做时钟指针，在不同的季节需要校准起点。例如，夏季黄昏后看到斗柄指南，计时需要从这个指南的起点开始；而到了冬季，黄昏后看到斗柄指北，那么计时就得从这个指北的起点开始。

用北斗指示季节

在不同季节的同一时间段（例如都是黄昏后），北斗的指向是不同的。这就使得古人又想到利用北斗斗柄的指向大略地指示季节。

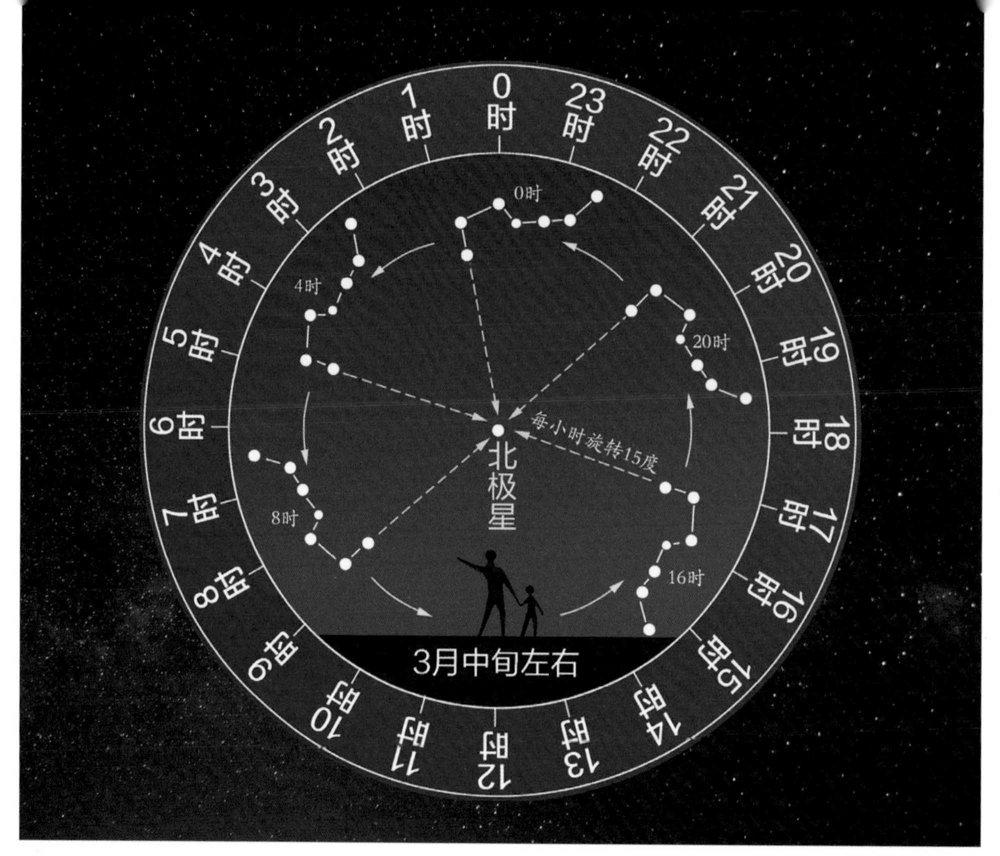

北斗指示时间 Ⓧ

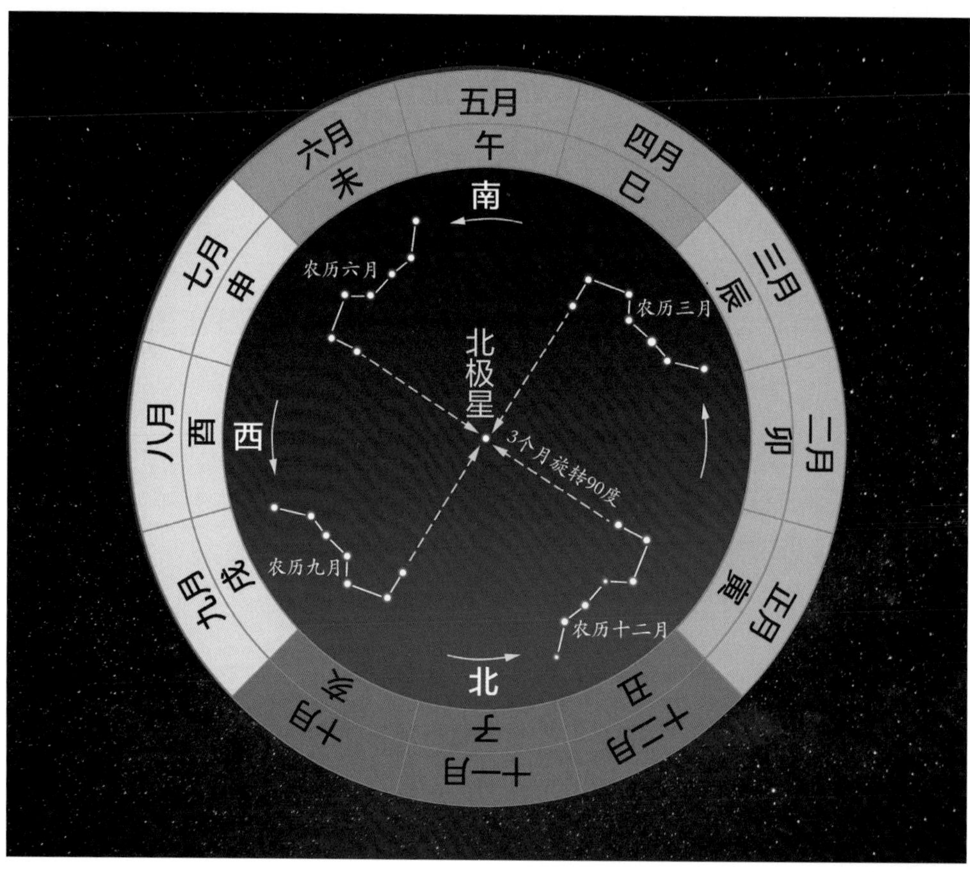

北斗指示季节 Ⓧ

恒星时与太阳时不同 Ⓖ

古人为此还总结了一段谚语（记载出自先秦时期的著作《鹖冠子》，其形成和流传可能更早），说黄昏时观看北斗指向：

斗柄指东，天下皆春；

斗柄指南，天下皆夏；

斗柄指西，天下皆秋；

斗柄指北，天下皆冬。

关于这个谚语，有两点需要说明：

第一，为什么斗柄指向会有季节性的变化？要理解这一点，我们首先要知道两个概念：恒星时与太阳时。

如上图所示，假如我们在地球上的某个时刻，面对太阳的同时也面对一颗恒星开始计时，当地球自转（加公转）从位置 1 经位置 2 到达位置 3 时，又面对同一颗恒星了（恒星非常遥远，地球一天的位移不影响面对恒星的方向），此时地球相对恒星自转了一周（称为一个恒星日），但此时地球相对太阳自转还不够一周（一个太阳日），地球要继续运动到位置 4 才完成一个太阳日。所以恒星日比太阳日短。

我们平日里使用的时间依据太阳的出没周期，即一个太阳日（24 小时），但恒星出没周期是一个恒星日（约 23 小时 56 分钟）。也就是说，因为记录使用的是太阳时，而恒星视运动遵循恒星时，所以恒星的全天（包括北斗星）旋转周期都比我们使用的太阳时每天约快 4 分钟，或者说恒星在一个太阳日里实际上转了一周多一点（大约每天多 1 度），积累一个季度就多转了大约 90°。这就是北斗斗柄指向季节性变化的原因。

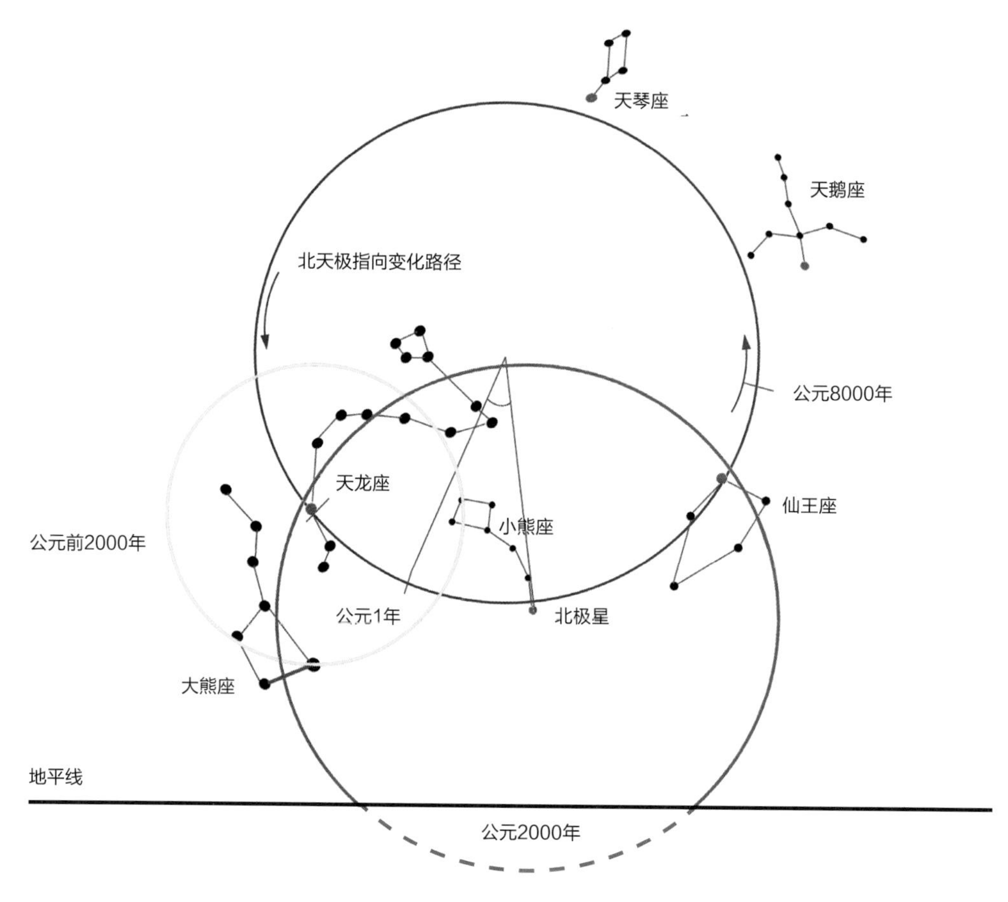

北斗七星的位置变化 Ⓖ

第二，古时候斗柄在春、夏、秋、冬的指向与现代一致吗？答案是：由于岁差的原因，现代北斗斗柄的指向在各个季节都与古代不同了。例如古代时“斗柄指东天下皆春”，而现在，春天的时候斗柄指向东北而不是正东。同样，夏天的时候斗柄指向东南而不是正南，秋天的时候斗柄指向西南而不是正西，冬天的时候斗柄指向西北而不是正北。也就是说，古代谚语所描述的天象在当时是正确的，但不能直接搬到现在来用。

北斗七星的昔与今

我们经常说，北斗七星是北方天空一年四季都可见的星宿，其实这并不完全正确。首先，观察者能看到星空的范围与其所在纬度有关；其次，北方一般指黄河以北地区，或者说北纬 30° 左右及以北地区。即便是同样在这些地区，古时候看到的星空与现代看到的星空也有所不同。这不是星星在天空中的位置变了，而是因为北极点移动了。

当北极点位于距离北斗七星较近的时期（例如公元前 2000 年左右），北斗七星围绕北极点旋转的圈较小，此时北斗七星在围绕北极旋转过程中都会在地平线以上，人们就会常年看到全部的北斗七星。

然而，当北极点移动到距离北斗七星较远的时期（例如现代），北斗七星围绕北极点旋转的圈较大，此时北斗七星在旋转过程中就会有几颗星转到地平线以下了，因此人们就会在一年里的某些时段看不到全部的北斗七星。

在前页的北斗七星的位置变化图中，蓝圈表示北极点在天空中移动的轨迹；蓝圈附近星座里的红点表示不同年代的北极星。黄圈表示古代（公元前2000年左右）北斗七星围绕当时的北极点旋转的轨迹，七颗星都在地平线以上。红圈表示现代（公元 2000 年左右）北斗七星围绕现在的北极点旋转的轨迹，某些时候北斗七星中的某几颗星会转到地平线以下。

在西方古代关于星座的传说（例如希腊神话）中，大熊与小熊的故事，也能反映古今看北斗的不同。

地球上同一时代同一纬度上的人，看到的星空是一

再想一想

地球上哪里看不到北斗七星?

我们能看到哪些星星，既取决于星星在天空中的分布，也取决于我们所处的纬度。生活在北半球的人基本都可以看到北斗七星：在高纬度地区四季都能看到全部的北斗七星，在中纬度地区某些季节能看到全部的北斗七星，在低纬度地区大多数时间只能看到局部的北斗七星。而在南半球中纬度地区以南基本上看不到北斗七星。

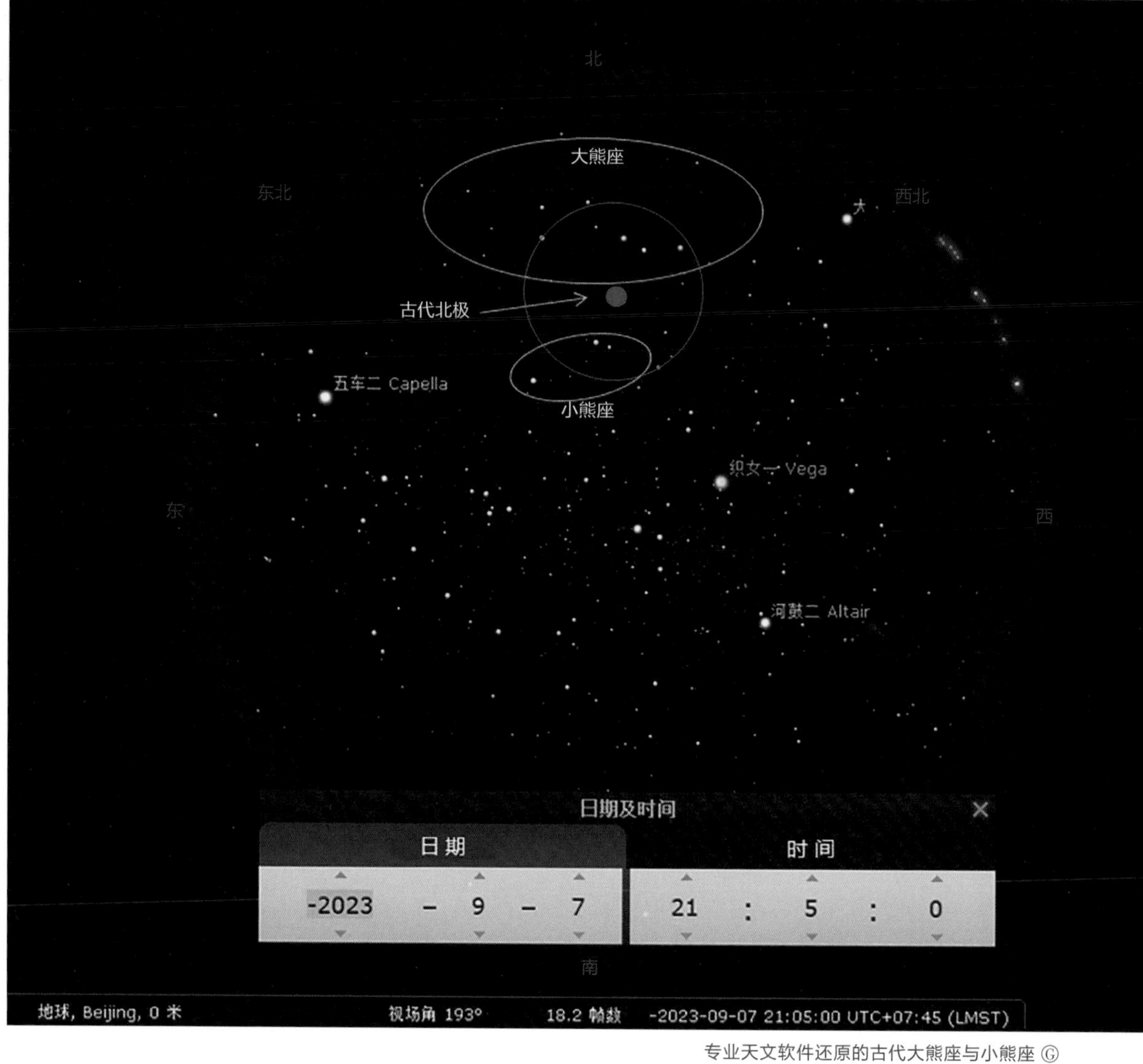

专业天文软件还原的古代大熊座与小熊座 Ⓖ

样的。也就是说，古代西方人在北纬 35° 左右看到的星空，与当时同纬度的中国人看到的是一样的，只不过他们流传的神话与中国神话不一样。西方普遍流传着大熊追小熊的神话：说地上的一对母子因被诅咒变成了大熊和小熊，之后又被安置到天上成为大熊座和小熊座。但诅咒并没有结束，而是让小熊在天上转圈跑，大熊在后面转圈追，于是大熊和小熊就不分昼夜地绕着北极旋转，“永远”不得片刻安宁。

这个故事里，大熊座里大熊的尾部七颗星就是中国人说的北斗七星，小熊座里小熊的尾巴是现在的北极星。在用软件还原的古代星空图中，我们可以看

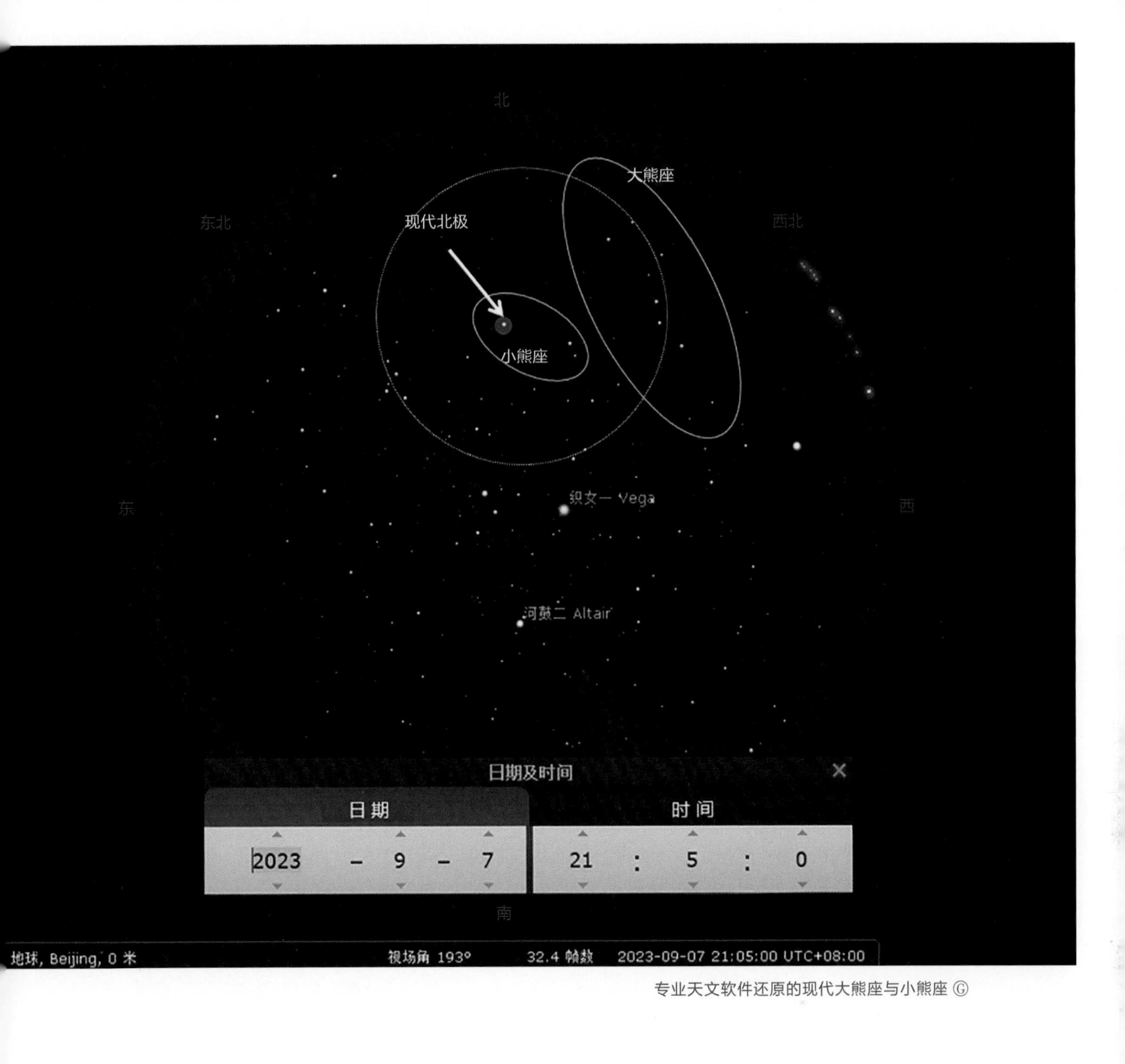

专业天文软件还原的现代大熊座与小熊座 Ⓖ

得很清楚：古代大熊座和小熊座（图中两个紫色圈）在当时的北极点（图中红点）两边，差不多对称，所以两个星座都在围绕北极点旋转，好像大熊在追小熊。这也验证了古人对星空的观察和描述是准确的。

时间来到现代，北极点移到了小熊座里（小熊的尾巴尖上，上图中黄点），两个星座（图中两个绿色圈）不再相对于北极点对称，大熊追小熊的天象不再上演，而是小熊围绕自己的尾巴转小圈，大熊围绕小熊的尾巴转大圈，而且大熊座里的某些星有时候会转到地平线以下“休息片刻”，与西方古代神话故事描述的天象不符合了。

四　观天象 定周天

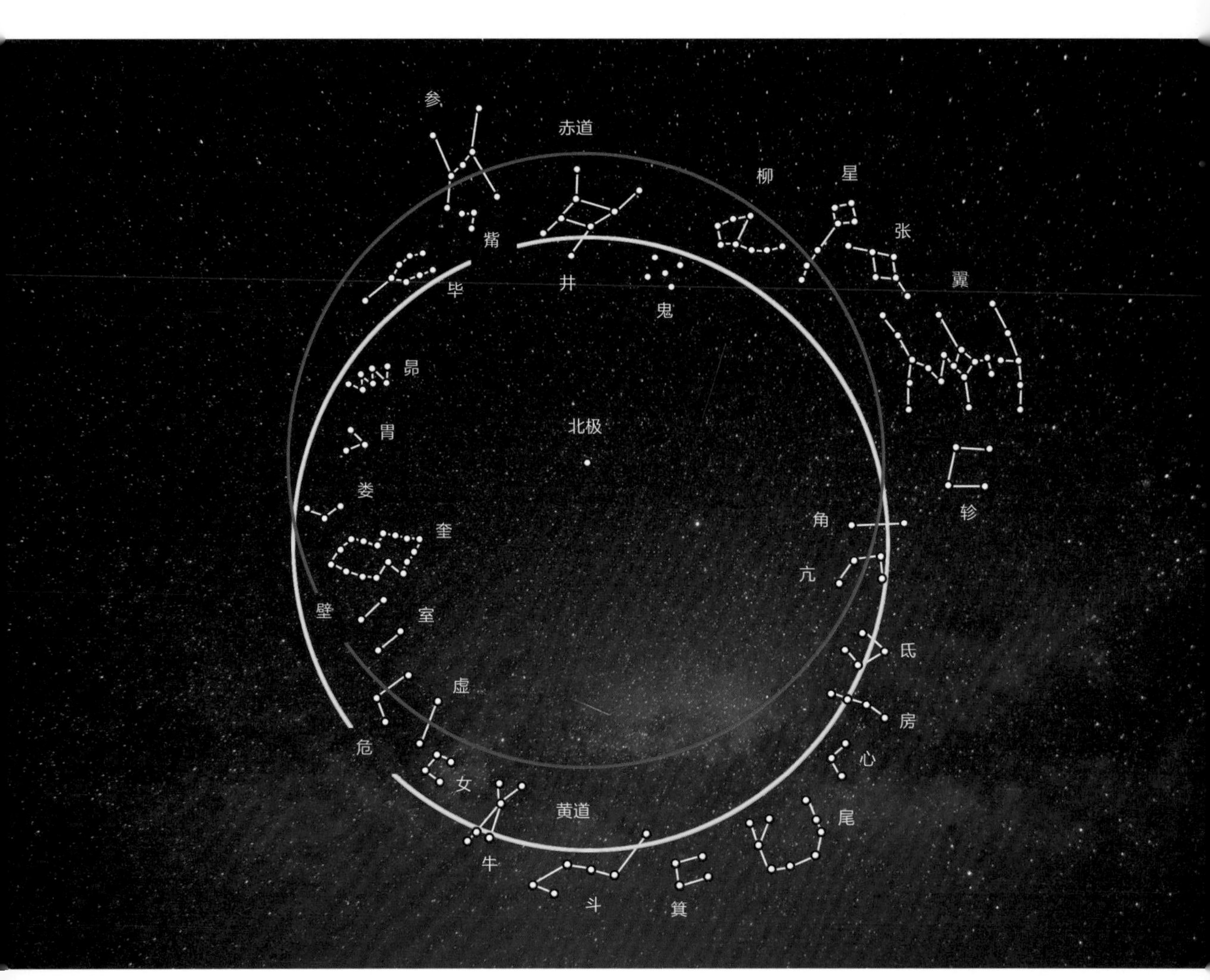

赤道与黄道上的二十八星宿图 ⑦

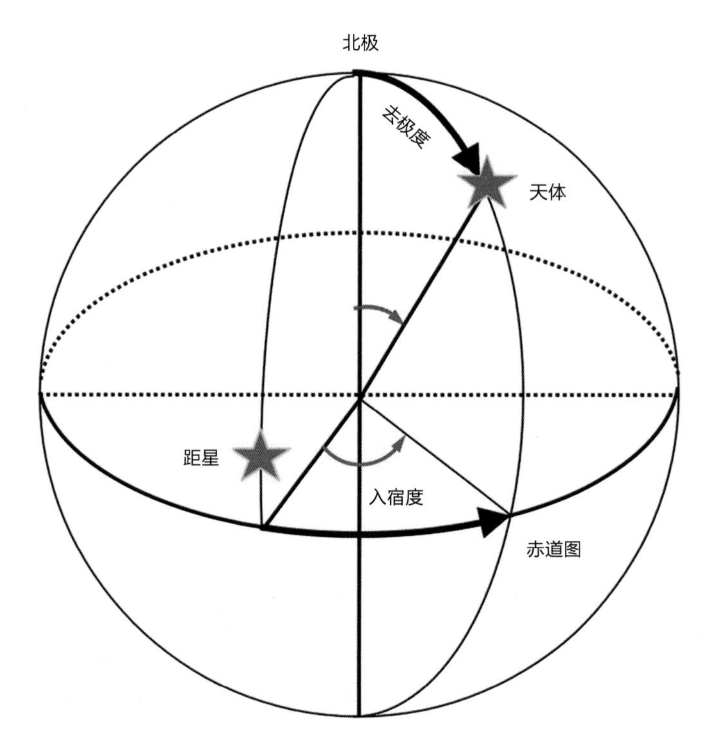

中国古代赤道坐标系示意图 Ⓖ

在了解古人仰观周天天象、巡游四方星空之前，我们有必要先学习一些中国古代有关星空的概念、名词，以及古人使用的一些观星方法等。

科学思维
科学方法

分类

把星空分为东、南、西、北、中五个“宫”，再进一步划分星官，是一种分类方法。分类就是按照某个标准对事物进行归类。分类需要制定统一的分类标准。

中国古代赤道坐标系

中国古代赤道坐标体系的建立，与中国古人观测恒星围绕北极点旋转的经验密切相关，也与浑天说描述的天球概念一致。在中国历史上，赤道坐标系也是应用最广、沿用最久的体系。中国古代独特的赤道坐标系统既具有科学性，又具有实用性，蕴涵着古代先哲们对时间、空间长期观察与思考的思想精华，对认识宇宙具有重大意义。

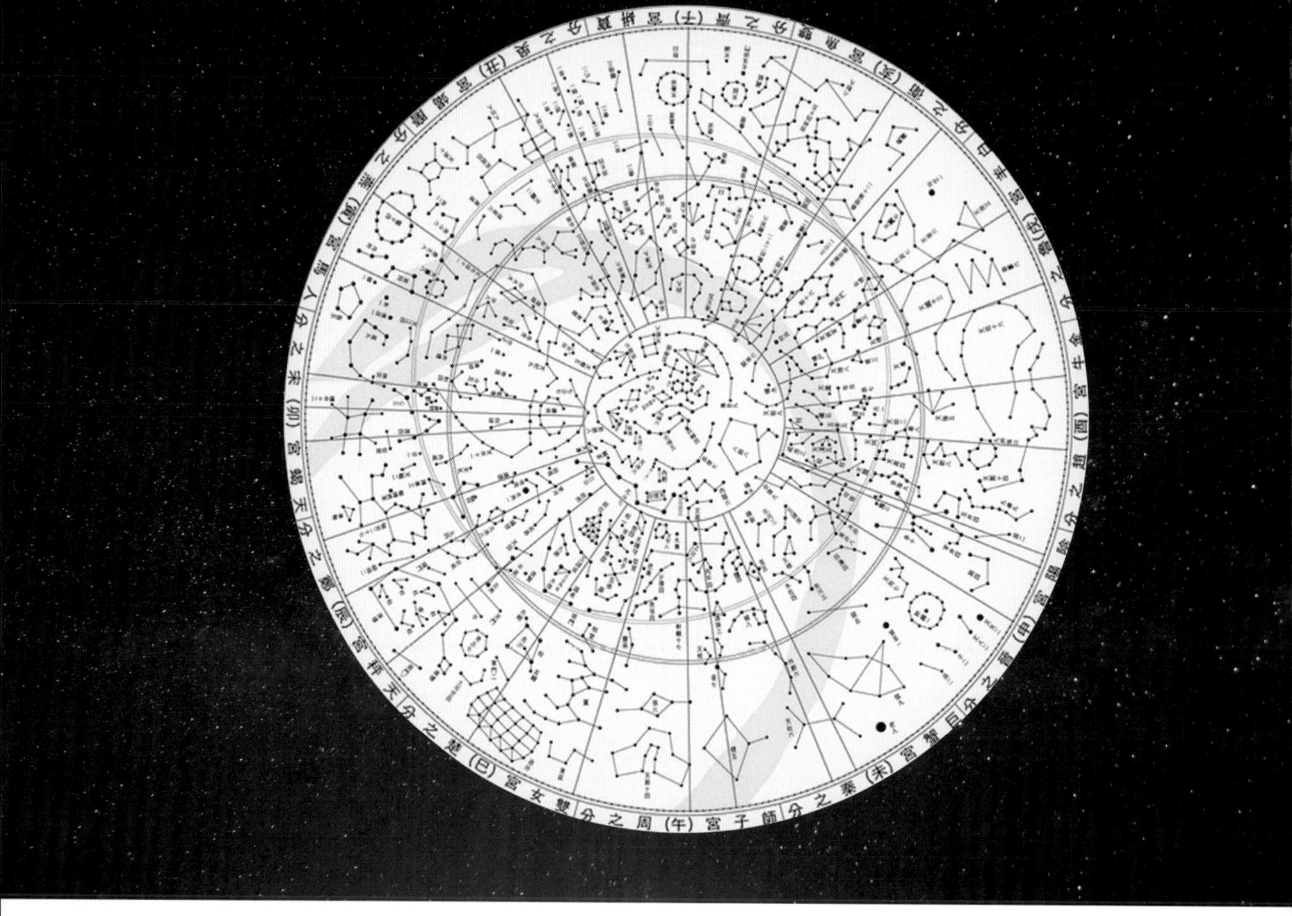

二十八星宿的宿区划分 Ⓟ

中国古代的赤道坐标系统中，标识天体的位置用去极度与入宿度两个坐标分量来表示，是构成二十八宿恒星体系的基础。去极度是指天体到北天极的角距离，入宿度则指天体与其西侧临近第一颗距星之间的角度。

周天度数

根据《后汉书 · 律历》中记载，日行“一周天”（即一年）是 365.25°，日行一日的度数为 1/365.25（约合现在的 0.98°）。这反映了中国古代赤道坐标系的独特性，即中国古人认为一个圆周的度数是 365.25°（而不是现在的 360°）。古代有圆周刻度的天文仪器的标记也是 365.25° 一周，所有的星体记录（如星图等）也都是以 365.25° 为基准体现的。

星官

中国古人为了认识星辰和观测天象，把天上的恒星分组，每一组给定一个名称。远古时代中国就有观测天文和执掌天文的官，后来古人也把天上一些恒星群组的名称叫作“星官”，意思是天帝的官员。古人认为天上和地上一样，有仙人和仙人社会，当人们认识的星官多起来以后，就出现了一些与地上的事物，如各种人物、官阶、地理、社会、生活、用具等类似的星官名称。

古代不同星官所包含的星数多寡不等，少到一个，多到几十个。据统计，先秦各家著作散记的星官至少有38个，所包括的恒星有200多颗。

中国最早系统描述全天星官的人是西汉史学家司马迁。司马迁在《史记·天官书》里，把星空分为东、南、西、北、中五个“宫”，共包含91个星官，500多颗恒星。其中“中宫”是指北极周围的天区，象征以天帝为代表的天庭中央朝廷；而东、南、西、北四宫，是以二分二至（春分、秋分、夏至、冬至）所在星官为基准建立起来的，与四季相对应。这是中国古代流传下来用文字记载星空划分的最早记录。

星宿

“星宿”这个概念有点复杂。

星宿在中国古代文学中泛指天空中的群星，如“日月星宿”泛指天空中的天体。北齐颜之推《颜氏家训·归心》中有“天地初开，便有星宿”，唐李颀《欲之新乡答崔颢綦毋潜》称“铜鑪将炙相欢饮，星宿纵横露华白”。

星宿在古代星象学家眼中特指古人为观测日、月、五星（水、金、火、木、土）运行而在天空中认定的星官（称为宿，或舍），用来确定日、月、五星运行所到的位置。古人最早观察到月球在恒星背景中运行一周约为27—28天，故将与月球有关联的宿分为27—28个，后逐渐固

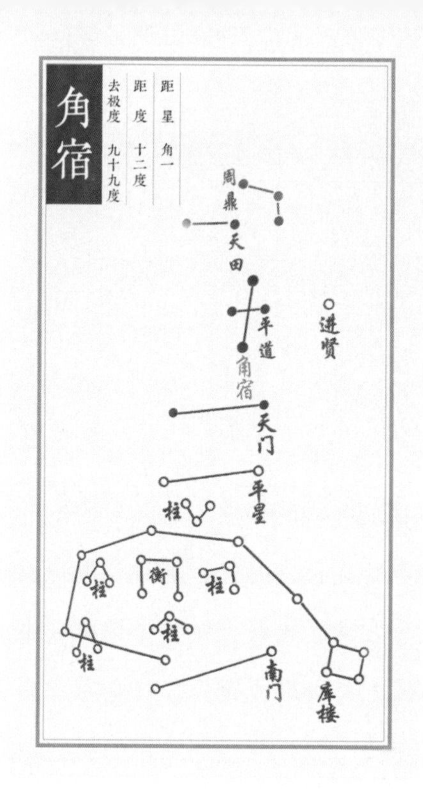

角宿及其统领的星官 Ⓟ

定为 28 个。又因日、月、五星均运行在黄道与赤道附近，故“宿”最初就用沿黄道和赤道附近的 28 个星官来定位，这些星官的名字自然也就变为宿的名字，例如角宿、女宿、参宿等。古代二十八宿就分布在周天 365.25° 上，各星宿所占有的度数称为“宿度”，整体称为“二十八宿度”。

星宿是用来定位的，每个星宿里有一颗恒星作为测量天体坐标的标准，称为距星，星宿的宽度就是距星间的角度。星宿后来又发展出区域的概念，而原先那个黄赤道附近的星官（宿），自然也就成为该区域（宿区）的统领。例如角宿（星官）只有两颗星（上图中红色所示），但角宿区域里包含角宿在内有 11 个星官（角、平道、天田、进贤、周鼎、天门、平星、柱、库楼、衡、南门）。这种表示星官分布的图称为文图。

二十八宿的起源也体现了中国古人的智慧。前面讲过，中国古人观察到月球每天在恒星背景里移动，大约 28 天移动一周。为了方便观察和定位，就把月球运行的黄道和赤道附近划分为 28 个区域，意思是月球每天停歇的场所。但月球实际上在星空中转一周是 27.3 天，所以东南亚地区有些民族采用二十七宿（或舍）。

曾侯乙墓出土的古衣箱，箱盖上有世界上最早的二十八宿天文图（湖北省博物馆藏）

正因为中国及东南亚地区的民族都使用二十八宿（或二十七宿），国际上的天文史研究者一直在争论二十八宿的起源是不是中国。1978 年，考古工作者在湖北省随县战国前期曾侯乙的古墓中，发现了我国（也是世界上）现存最早的一张具有完整二十八宿名称的天文图。这张天文图绘在一只古衣箱盖上，黑漆为底，红彩绘图，中心写有篆书“斗”字，意为北斗七星。围绕“斗”字按顺时针方向排列着一圈二十八宿的名称，圈外两边还分别绘有青龙和白虎的图像，与西水坡墓葬天象图有相似之处。

曾侯乙墓有铭文记载，墓主是公元前 433 年入葬的。这是迄今为止发现的最早关于二十八宿的实物例证，从而有力地证明我国是最早使用二十八宿的国家。

关于二十八宿的形成与发展，《尚书 · 尧典》最早提到四仲中星，《夏小正》等文献中已经出现某些星名，周朝初期《周礼》中已能发现二十八宿部分宿名，公元前 239 年成书的《吕氏春秋》已有关于二十八个宿名的记载。有关二十八宿及四象（天空中东南西北四大星区）的完整记载，最早见于《史记》。

科学思维
科学方法

建构模型

浑天说、盖天说、宣夜说、地心说、日心说、天球和赤道坐标系等，其实都是人们在头脑中设想出来的模型。模型是指具有与实际事物相似特征的替代物，能描述事物的主要特征和变化规律，是一种定量的抽象和概括。

建构模型是指通过实体形式或者思维形式，把抽象或不易观测的事物概括描述为模型，使得事物简单化、直观化。

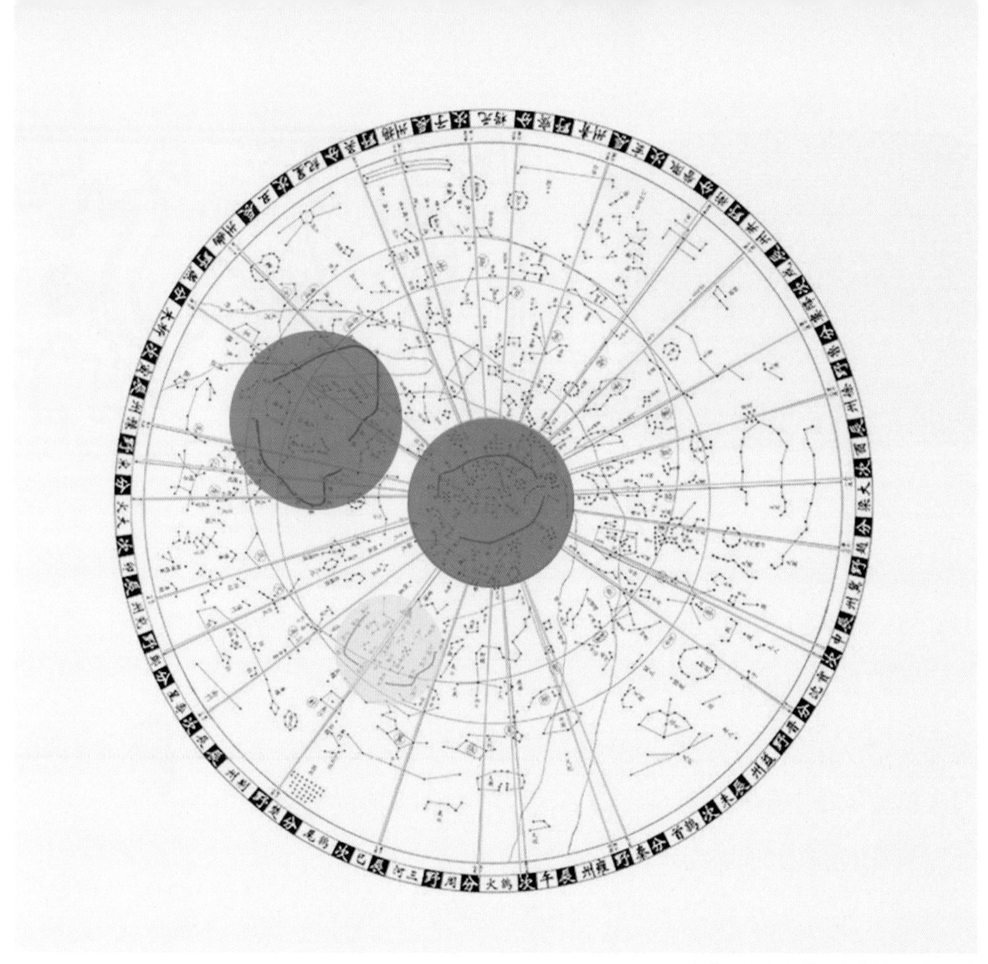

古代天文图上的三垣划分示意图 Ⓩ

三垣

三垣是古人在北天极附近划分出的三个较大的天区。垣，是城垣、垣墙的意思。天上怎么会有垣墙？这源自古人丰富的想象力，在天上用星星围出一片片区域。天上恰好有这样三块地方，每一块都由一些星星围起来，好像三座城池。它们就是紫微垣、太微垣和天市垣。

三垣的形成经过演变和调整，后来发展成为三块天区，其中紫微垣是以古代北天极为中心的天区（上图红色区域），意思是天上帝王的宫殿（当时生活在洛阳一带的古人所看到的紫微垣内的星星都是永不下落的）。太微垣包括含室女、后发、狮子等星座的一部分天区（上图黄色区域），意思是天上的政府机构。天市垣包括含蛇夫、武仙、巨蛇、天鹰等星座的一部分天区（上图紫色区域），意思是天上百姓的市集。

二十八宿的区域不涵盖紫微垣，但有些与太微垣和天市垣重叠。中国古代三垣二十八宿的分界是按照星官划分的，由于重叠部分的星官已属于太微垣和天市垣，所以二十八宿的天空区域是三垣之外的区域。这样中国古代可见天空的分区就是 31 个天区（三垣加二十八宿）共 283 个星官，1464 颗恒星。

三垣二十八宿体系传承

三国时期吴国太史令陈卓把中国早期最大的三家占星流派（石申、甘德、巫咸）所发展的三家星官综合在一起，求同存异，组成了一个拥有 283 个星官、包含 1464 颗星的星官系统星表，并绘制了星图，史称“陈卓定纪”。陈氏星表与星图均已遗失，但作为范本和依据，成为我国后世观测星象的基础，各朝各代所绘制的盖图、浑象、星图等，基本上都以陈卓的信息为准，后代天文学家沿用达 1000 余年。

四象

四象是指分别以青龙、白虎、朱雀、玄武为代表的东西南北方，又称“四神”“四灵”，在古代天文学中指三垣外围二十八宿的四大分区。据天文史学家考证，四象的观念起源于上古时期华夏族群的图腾崇拜。华夏地区周边最早有四个主要民族：东夷、西羌、南蛮、北狄。古时东部沿海地区的民族称为“东夷”，以龙为图腾。他们中有一部分人向南迁移，与南方民族融合，形成了少昊族，以鸟为图腾。在西部地区（今甘肃、陕西、四川一带）活动的是古西羌民族，其中炎帝、黄帝支系最为强大，他们以虎为图腾，后来逐渐向中原迁移。西羌的一支迁移到北海（今渤海）一带，和周边民族融合形成了以龟、鲸为图腾的夏民族，并与以蛇为图腾的修族联姻，这就是龟蛇缠绕（即玄武）图腾的来源。

二十八宿分为四象，每象包含七宿 Ⓧ

大约在春秋时期，星空已划分为二十八宿。古人在春分日的傍晚仰观天象，按照东西南北四个方位，又将二十八宿划分成四段，每段对应一象（各包含七宿），即鸟象在南，龙象在东，虎象在西，龟蛇则隐没于北方地平线下。春秋战国时期流行五行配五色之说，古人于是分别将青、赤、黄、白、黑与东、南、中、西、北相配，最后就形成了东方苍（青）龙、西方白虎、南方朱（赤）雀、北方玄（黑）武的说法。后来古人又把七宿中每一宿的星用假想线连接起来，构成了有点牵强的青龙、白虎、朱雀、玄武等动物形象，称为四象。

四象的划分只是大致对应四个方向，角度并不均等，而二十八宿每宿的角距宽度也不等，甚至彼此差别很大。天文史学家至今不能解释为什么四象和二十八宿的划分都不均等，但历史的传承坚定不移，几千年来一直沿用至今。

交流展示

1. 我知道这样一个与星宿有关的故事：

____

2. 以下词语中提到了哪些星宿？

气冲斗牛 ______________________

斗转星移 ______________________

牛郎织女 ______________________

参辰日月 ______________________

动如参商 ______________________

月落参横 ______________________

第三章

跟着古人观日月

唐代大诗人李白在《把酒问月》中写道："白兔捣药秋复春，嫦娥孤栖与谁邻？今人不见古时月，今月曾经照古人。"中国人认识太阳和月亮的历程源远流长，日与月寄托了人们太多的情怀。古人认为日与月分别为阳与阴的代表，相互配合且依存，它们的运行与人类的生活密切相关。

远古时期，人们日出而作，日落而息，太阳的作用实在是太重要了。人们通过在地面垂直竖立棍子，记录和分析影子的位移变化，捕捉到日出和日落的规律，“日”的概念逐渐形成，同时“时间”的概念也应运而生。

1972 年，湖南省长沙市马王堆一号汉墓发掘成功。这是一座公元前 2 世纪的西汉墓，出土的大批随葬品中有一幅精美的帛画。画面上方绘有一轮红日，里面蹲着一只乌鸦。这正好与同时代成书的《淮南子 · 天文训》记载的“日中有踆乌”相呼应。“踆乌”传说是太阳中的三足乌，也称金乌。公元前 28 年，中国已经有了世界上最早的对太阳黑子的记录。《汉书 · 五行志》中记载有“日出黄，有黑气大如钱，居日中央”，这被世界公认为明白无误的关于太阳黑子的最早记录。虽然没有现代科学的手段和理论，但中国古人通过长期的观测和实践，积累了关于太阳的丰富知识和经验。

自上古时代，中国人就将月亮作为神明来崇拜，后来围绕着月亮衍生出了《嫦娥奔月》《玉兔捣药》《吴刚伐桂》等一系列神话故事。早在先秦时代，人们就试图对日月之光做出解释。《周髀算经》是我国最为古老的数学专著，同时也是伟大的天文学著作，成书于大约公元前 1 世纪。这本书对于月光有如下描述：“日者，阳之精，譬犹火光。月者，阴之精，譬犹水光。月含景，故月光生于日之所照，魄生于日之所蔽，当日则光盈，就日则明尽，月禀日光而成形兆，故云日兆月也，月光乃出，故成明月。”意思是说：日光如火，月光如水，月亮上面有景致（影子），是因为月亮的光源来自太阳光的反射，冲着太阳的一面是亮的，背着太阳的一面是暗的。古人还依据月亮盈亏变化制定了“月历”，也称阴历，用于安排农事和日常生活。不同历史时期，无数文人墨客留下了关于月亮的千古佳作。从北宋开始，农历八月十五成为全民性的中秋节，人们宴饮、赏月、祭月等，中秋风俗与中秋文化传承至今。2000 多年来，中国留存了大量关于日食和月食的记录。

马王堆汉墓出土的帛画，左上方的月亮内有蟾蜍，右上方的太阳内有乌鸦
（湖南博物院藏）

文化漫游

击壤歌

（先秦）佚名

日出而作，日入而息。
凿井而饮，耕田而食。
帝力于我何有哉！

意思是：太阳升起就去耕作田地，太阳下山就回家去休息。凿一眼井就可以有水喝，耕田劳作就可获取食物。这样的日子有何不自在，谁还去羡慕帝王的权力！

一 | 立竿测日影

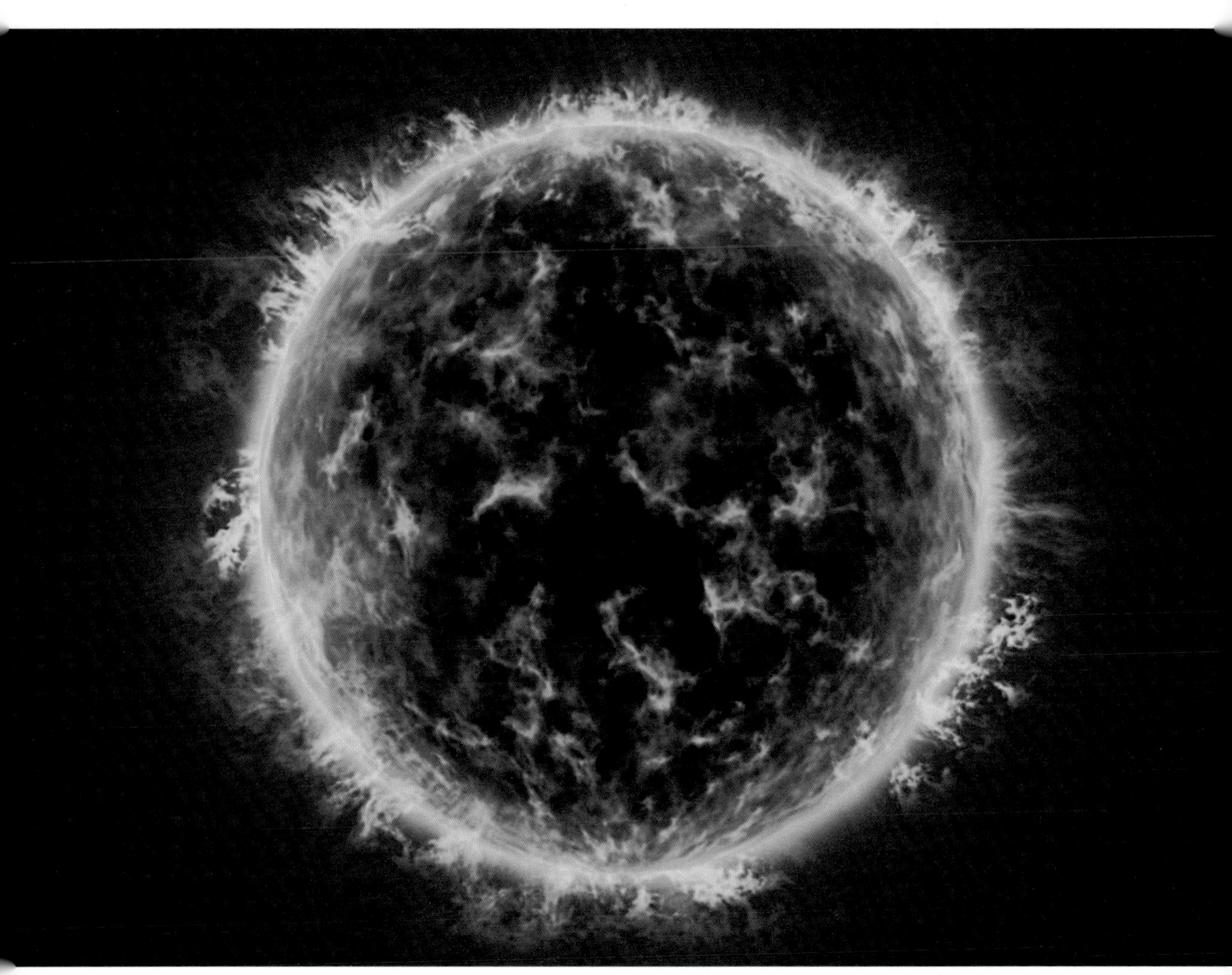

太阳源源不断地为我们提供能量 Ⓥ

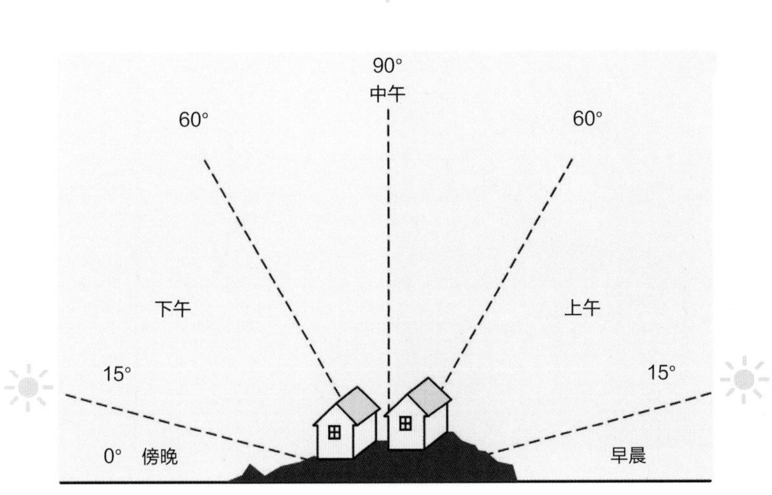

一天中太阳角度的变化 Ⓖ

在远古的时候人们就发现，阳光下的树木、房屋、山体包括人体等都会有日影产生。通过长期观察，人们又发现日影会随着太阳运动而变化，而且变化很有规律。一天当中，太阳从早到晚在空中画出一条圆弧，而竖立在地面上的竹竿的日影就随太阳运动而变化：早晨太阳从东方地平线上升起，日影长长地掩向西方；随着太阳不断升高，日影渐渐变短，且方向与太阳运动方向相反；正午太阳运行到当天轨迹圆的最高点，日影也变为最短，方向指向正北；下午太阳向西运动，高度逐渐降低，日影渐渐从西指向东，长度也越来越长。一年当中，正午时的日影变化也有规律可循：冬季的正午日影比较长，夏季的正午日影比较短，春秋两季的正午日影则适中。连续一年比较每天正午竹竿日影的变化，就可以得到指示季节变化的规律。

文化漫游

《周礼·考工记》(节选)

匠人建国，水地以县，置槷以县，眡以景，为规，识日出之景与日入之景，昼参诸日中之景，夜考之极星，以正朝夕。

《周礼 · 考工记》记载了在王城建筑时“正朝夕”的方法，即如何利用日影确定东西方向，后来的普通建筑（包括民居）也都采用类似的方法。具体做法是：

西周早期青铜器何尊上的铭文中最早出现“中国”两字 Ⓟ

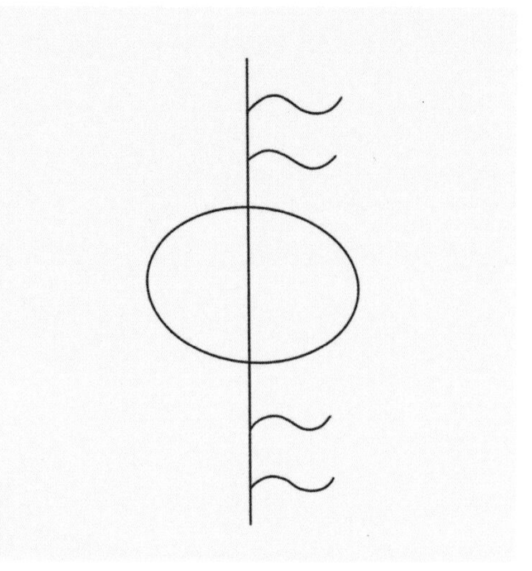

篆书“中”字包含丰富的意义 Ⓖ

• 通过取水准的办法使待测点附近的地面处于水平状态。

• “悬置”（竖立）一根柱子，通过悬线（在柱子上挂一条拴着重物的悬线）方法使该柱子垂直于地面。

• “为规”，就是以柱子中心为圆心，用圆规作圆。

• 观察日影，标注日出和日落时柱影与圆周相交的两点，连线。这条直线指示的方向就是东西方向。

为避免误差，可以白天观测一下日中时的柱影方向，夜晚观察一下北极星的方向，从而得到较为准确的东西方向。

在汉字中，中国的“中”字也包含了关于测日影的信息。1963 年出土的西周青铜器何尊的内底上有一篇 122 个字的铭文，它是关于“中国”二字（左上图中红字）最早的文字记载。从这里可以看出，“中”字是一个圆圈中间竖立着一根竹竿，上下还对称地拴有悬绳（用来悬吊重物的垂线，以校准竹竿的垂直）。一个“中”字，包含了画圆、平地、立竿、测影、定向等建都立国的全部重要信息。

《周髀算经》通篇用数学的方法计算太阳等天体的高度、直径、轨道，并用推理的方法证明了勾股定理，采用最简便的方法确定天文历法，揭示四季更替、气候变化、昼夜循环的道理等。

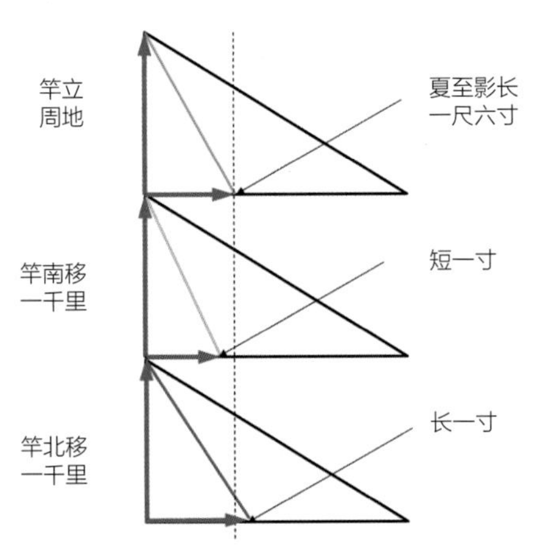

千里影差一寸示意图 Ⓖ

《周髀算经》里详细记载了如何利用日影测量距离："日中立竿测影。此一者天道之数。周髀（表）长八尺，夏至之日日晷（影）一尺六寸。髀者，股也，正晷者，句（勾）也。正南千里，句一尺五寸。正北千里，句一尺七寸。"这段话的意思是：正午时分立一根竿子测量日影的长度，这种方法可以了解自然规律。立八尺表为勾股的"股"边，表影为勾股的"勾"边。夏至日表在周地的日影长一尺六寸，距周地正南一千里地方的表的日影长一尺五寸，距周地正北一千里地方的表的日影长一尺七寸。把立在周地的表向正南每移动一千里，日影就短一寸；把表向北每移动一千里，日影就长一寸，即所谓千里影差一寸。这就是那个时代的人总结出（或者说推测出）的规律。历史上并没有记录当时的人怎样测量相距一千里的两地的日影，但"千里影差一寸"却是先民在日影测量中使用和传承的"量天尺"。这个"量天尺"一直沿用到唐代，一行等天文学家完成子午线大地测量后，才证明它并不十分准确。

趣味坊

现代"量天尺"——"造父变星"

星体与我们的距离在天文学中是很关键的数据，"造父变星"的存在为天文学家精确测量星体与我们的距离提供了方便，因此被誉为"量天尺"。

造父星座里的"造父一"是第一颗被确认的"造父变星"。科学家发现，它的亮度变化是有规律、周期性的，而且光变周期很容易被测出，天文学家再根据我们实际看到的亮度，就可以精确推算出这颗星体与我们的距离。

二 | 圭表 显季年

地平式日晷是从圭表发展而来的 Ⓥ

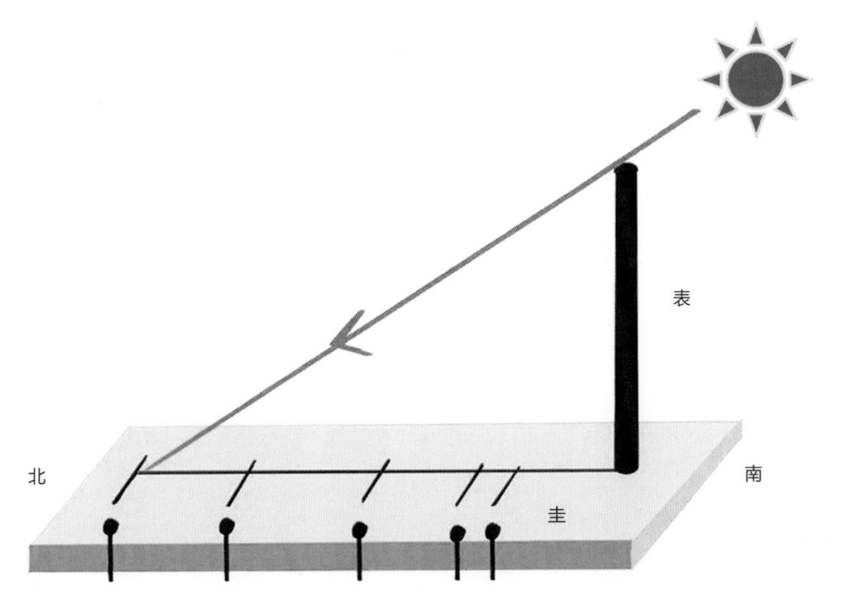

圭表示意图 Ⓖ

“立竿见影”需要一根竿，如果测量竿投在地上的影子，就需要在地上画线，于是古人就把地面弄平整，再做一个有刻度的板放在地面上，两个物件就结合成一套测量仪器：直立于地面上测日影的标杆（或柱子）叫表，正南北方向平放的测定表影长度的刻度板叫圭。当太阳光照在表上的时候，圭上出现表的影子。人们根据影子的朝向就可以知道方向，根据影子在圭面上的长度就可以知道太阳高度，从而知道季节。所以圭表是古人在“立竿见影”基础上创造出来的了解时间、方向、季节的最早的天文仪器。后来圭表被专门用来测量正午的影子长度，精确记录太阳每天（每季）的高度变化，从而指示季节和测算一年的长度。

目前所见圭表的最早实物出土于山西省襄汾县陶寺村，据考证是距今 4000 多年前的遗存。其中一支残长 214 厘米，涂红色；另一支残长 171. 8 厘米，分布着长度不均等的黑色、石绿和粉红圆环。由此可见，中国先民在史前已经会利用有刻度的圭表进行测量了。

到了西周时期，使用圭表测影已经非常普遍。周公测景台位于河南省登封市东南，据《周礼》记载，西周时周文王儿子周公姬旦在这里垒土圭、立木表，

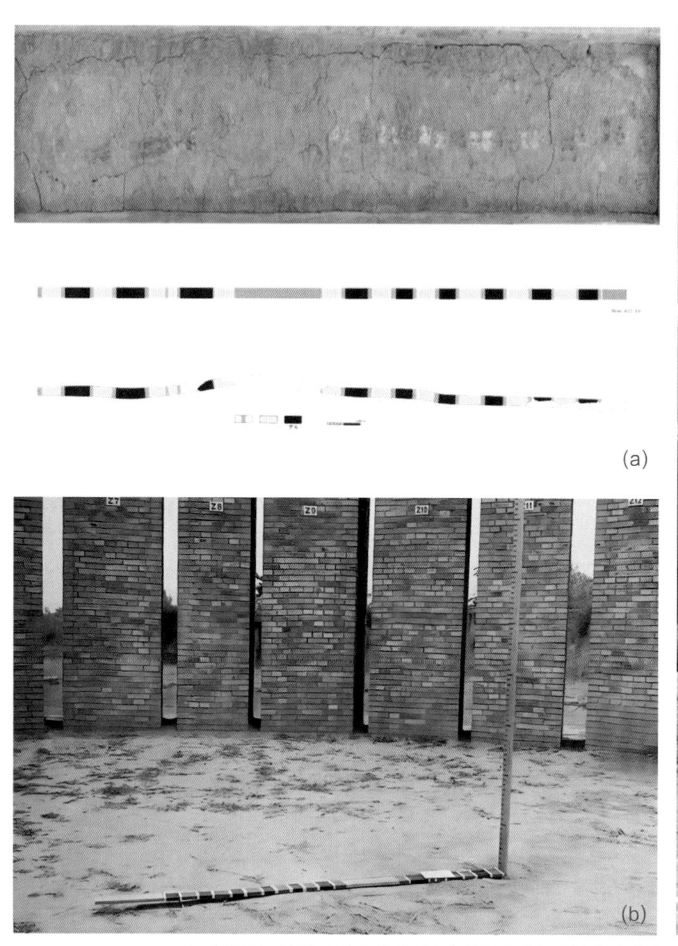

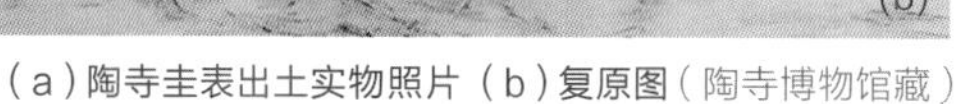

（a）陶寺圭表出土实物照片（b）复原图（陶寺博物馆藏）

周公测景台 ⑦

测量日影。周公把表影最长的那天定为“冬至”,把表影最短的那天定为“夏至”,把一年中正午日影最长的一天,到下一年正午日影最长一天的周期定为一个“回归年”。现存于此地的周公测影台有石台（底座）和石柱（表），是唐代著名天文学家一行组织天文大地观测时，天文学家南宫说在此建立的一座石圭石表纪念台，距今已有1200多年历史了。

元代天文学家郭守敬在前人圭表基础上发展出了高表，建立在河南省登封市告成镇。整个高表就是一座观星台。观星台为高耸的城墙式建筑，墙上有一个凹槽，相当于一根竖在地面的竿（表）；凹槽之上有一道横梁，凹槽加横梁一起称为“高表”。观星台基处伸出一条石堤，含调平用的水槽，相当于测量长度的尺子，为“圭”。

在测量日影长度的过程中，表影边缘模糊是一个普遍现象，古代科学家也遇到过这样的问题，但郭守敬不愧为伟大的科学家和发明家，他用一个方法很巧妙地解决了这个问题：在高表顶部设置了一根横梁，测量时横梁的影子就是高表的影长。郭守敬还发明了一件辅助仪器“景符”。它是一个中央有小圆孔的薄铜片，装在一个底座上，放置在圭面上可以滑动。测量时，调整铜片的位置和方向，使太阳照射高表横梁通过小孔成的像落在圭面上，在圭面上投下一个很小的亮斑，而亮斑中央有一条很细的黑影（日光照射横梁投下的影）。高表和景符结合，横梁的影就是要测量的表影长度，很清晰也很精确。郭守敬把圭面刻度做得比从前更精细，从原先直接量到“分”估到“厘”，提高到直接量到“厘”估到“毫”（元代的长度单位），使获得的高表影长值的精确度得到了大幅度提高。

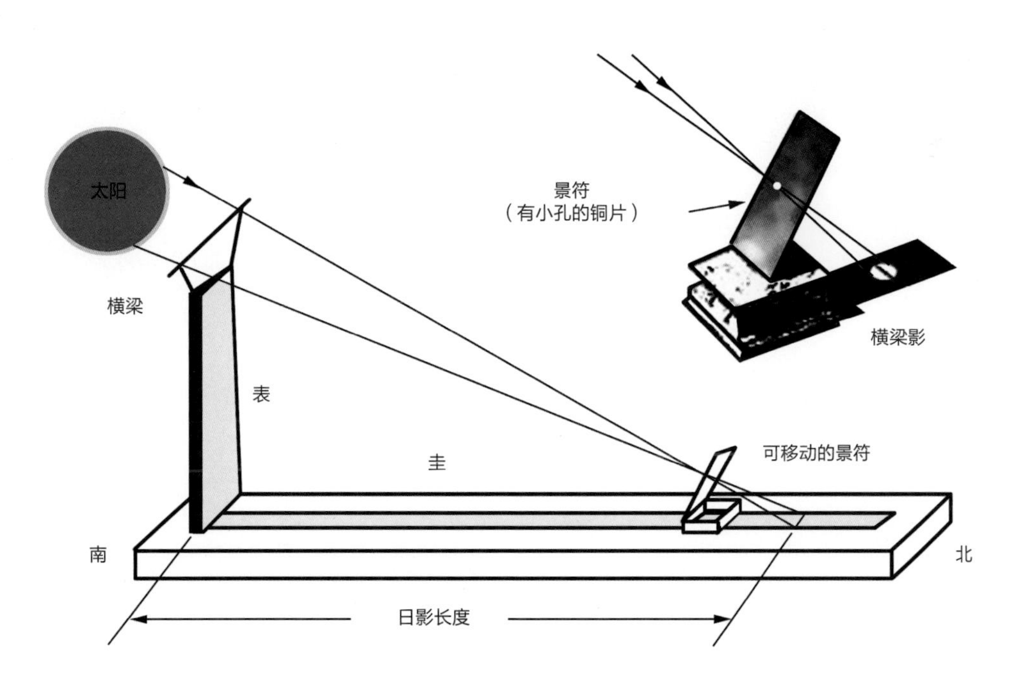

圭表和景符工作原理示意图 Ⓖ

郭守敬利用高表加景符获得的测量数据，加上全国其他站点的测量数据，经过综合归算，在公元 1281 年编制出当时世界上最先进的历法——《授时历》，求得的回归年周期为 365.2425 日，与当今世界上许多国家使用的阳历（罗马教皇格里高利十三世颁布，也称格里历）完全相同。但格里历到 1582 年才颁布，比《授时历》晚 300 年。

现在我们看到的古代实物圭表，一般都是明、清时代铜铸的仿古复制品。其中圭的表面有槽，使用时需要注水调平。表的变化是在柱子上加一个横梁（仿高表）或者在柱子上加打孔的铜叶（仿景符）。

现陈列于紫金山天文台的圭表，上有打孔铜叶，仿景符 Ⓥ

现陈列于北京古观象台的圭表，上有横梁，仿高表 Ⓥ

惊艳后世的科学通才——郭守敬

郭守敬（1231—1316年）是我国古代杰出的科学家，他十五六岁时就独自制成工艺已失传的计时仪器“莲花漏”，20岁率众修复家乡的石桥、填补堤堰的决口，31岁首次晋见忽必烈就提出6条水利工程建议，此后又领导完成修浚西夏古河渠、开凿北京通惠河等多项重要任务。

郭守敬 Ⓟ

1276年，郭守敬率众开始建造新天文台，制造天文仪器，进行天文观测和开展理论研究。他陆续创制了简仪等十余件新天文仪器，件件构思巧妙，制作精良。郭守敬建造的登封观星台，是中国现存最古老的天文台，也是世界现存最早的天文古迹之一。郭守敬主持的“四海测验”，是中世纪世界上规模空前的一次大范围天文地理测量（东至高丽，西达滇池，南逾朱崖，北尽铁勒）。其时“测得南海北极出地一十五度”，说明这个南海测量点在北纬15°，即今黄岩岛附近，这是中国元朝就已经到达黄岩岛的文献证据。郭守敬编制的星表所含的实测星数突破了历史纪录，而且在3个世纪后仍无人超越。他测定的黄赤交角数值非常准确，直到500年后还被法国科学家拉普拉斯引用来证明黄赤交角随时间而变化。郭守敬和王恂等人根据测量数据于1280年编制的《授时历》，是中国古代使用时间最长的历法，沿用达364年之久。

郭守敬的科学成果不仅在中国，而且在全世界范围内都是非常卓越的。为了纪念这位伟大的科学家，国际天文学联合会于1970年将第2012号小行星命名为“郭守敬星”，1978年将月球上的一座环形山命名为“郭守敬山”；2000年，中国科学院国家天文台将自主研制的LAMOST望远镜命名为“郭守敬望远镜”。

三 晷针指时间

赤道式日晷 Ⓥ

日晷，本义是指日影，“晷”就是日影的意思，后来指人们利用日影计时的一种仪器，又称“日规”或“日晷仪”。日晷的原理也是“立竿见影”，只不过竿变成了晷针，晷针的影子随太阳的转动落到圆形的晷盘上，晷盘刻上刻度就可以指示时间。

日晷是我国古代使用较为普遍的计时仪器，但在史籍中却少有记载。现在史料中关于日晷最早的记载是《汉书·律历志·制汉历》：“乃定东西，主晷仪，下刻漏。”日晷发展到清代已经非常普遍，类型也有很多。依晷面所放位置、摆放角度、使用地区的不同，日晷可分为地平式、赤道式、子午式、卯酉式、立式等。

中国现存最早的古代日晷实物是1897年出土于内蒙古托克托城的汉代日晷，现为中国国家博物馆馆藏特级文物。这件日晷不同于早期的地平式日晷，也不同于后期的赤道式日晷，因为出土时没有基座，也没有晷面上的配件，人们无法知晓古人是怎么放置和使用它的。对此日晷的研究也引发出多家争鸣。一些专家分析研究认为，这个日晷很可能是可携带移动、水平放置的，有观察日出与日落、验核昼夜长短、确定方向季节等多种用途。

赤道式日晷也称斜晷，是大约宋代以后最经典和传统的计时仪器，在世界各国也很多见。赤道式日晷的明确记载初见于南宋，最初晷盘是木制的，后世改用石质晷盘、金属晷针。北京故宫等处保存的都是清代制造的石质赤道式日晷。赤道式日晷依照使用地的不同，将晷面平行于赤道面放置（与当地太阳运行轨迹的倾斜角度一致），晷针安置于晷盘中心，且垂直于盘面。这样太阳照射下晷针的影子投射到晷盘上，影子随太阳转动的角度就是均匀的，故晷盘上的刻度是等分的，指示的时间也就是均匀的了。赤道式日晷也有缺点：夏季和冬季晷针投射在晷盘上的影子分别在晷盘的北面（正面）和南面（背面），故晷盘的两面都需要有均匀且一致的刻度。

四 星汉挂冰轮

《嫦娥奔月》神话故事在中国家喻户晓 Ⓥ

感受月相变化 Ⓖ

月亮的圆缺变化非常有规律，为解释这种有规律的变化，古代很多科学家都进行了探索。东汉天文学家张衡对月亮的发光和盈亏以及日食等现象作出了较为科学的解释。在他著名的天文学著作《灵宪》中，张衡解释月亮发光的原因是“月光生于日之所照”，意思是月亮本身是不会发光的，我们之所以看到它有光亮，是因为它反射了太阳的光。《灵宪》解释月食时说：“日譬犹火，月譬犹水，火则外光，水则含景。故月光生于日之所照，魄生于日之所蔽，当日则光盈，就日则光尽也。众星被耀，因水转光。当日之冲，光常不合者，蔽于地也。是谓暗虚。”这是张衡非常著名的月食理论：月亮对着太阳的地方，（不合常规地）见不到光，是因为地球挡住了太阳光，月亮进入了地影。张衡称之为暗虚，也就是月食。张衡同样把太阳比喻为火，月亮比喻为水，火向外发光，

科学思维
科学方法

推理

古人在观察月食和月相变化的基础上，通过推理，作出了科学解释。推理就是从一个对象（前提）推出另一个对象（结论）的思维过程。推理的关键是建立证据与解释之间的关系并提出合理见解。

水中有影子；看得到月亮，是因为太阳光的照射；看不到月亮，是因为太阳光照不到；有太阳光的地方就亮，没有太阳光的地方就暗。这些论述与《周髀算经》是一致的。

北宋沈括的《梦溪笔谈》更进一步发展了前人的学说，其中有一段非常精彩的有关月亮的著述：“日、月之形如丸。何以知之？以月盈亏可验也。月本无光，犹银丸，日耀之乃光耳。光之初生，日在其傍，故光侧而所见才如钩；日渐远，则斜照，而光稍满。如一弹丸，以粉涂其半，侧视之，则粉处如钩；对视之，则正圆。此有以知其如丸也。”这段话的意思是：日月的形状就像圆球（弹丸）一样，怎么知道的呢？根据月相的圆缺就可以验证。月亮本身不发光，就像一颗银色的弹丸，是太阳的照耀才使它有了亮光。月初的时候，可以看见太

月相变化图 Ⓖ

阳在它的旁边（二者相邻很近），所以发光的只有一侧（靠近太阳的一边），而且见到的月亮像钩子；随着日月的渐渐分开，太阳开始斜照月亮，则月亮上的发光部分渐多（越来越圆）。这就像拿一颗弹丸，用粉末涂抹它的一半，从侧面看它，则涂粉的地方像钩子；从正面看它，则是一个圆，这就是为什么我们知道日月形状像弹丸的原因。沈括对月相变化的解释非常接近现代科学原理，而且用弹丸来做比喻，也容易理解，可见古人对天体观察入微，研究深刻。

我们现在仍然可以按照沈括的描述，亲自动手做一个简单的实验，来验证月相变化的全过程（见前页图）。把 15 只一半涂黑的白色圆球均匀摆放在一个合适的圆周上，白色面一致朝向右侧。实验者坐在圆周的中心位置上，慢慢地转头环视，会神奇地看到从朔（初一）到望（十五或十六）的全部月相。

五 ｜ 日月定历法

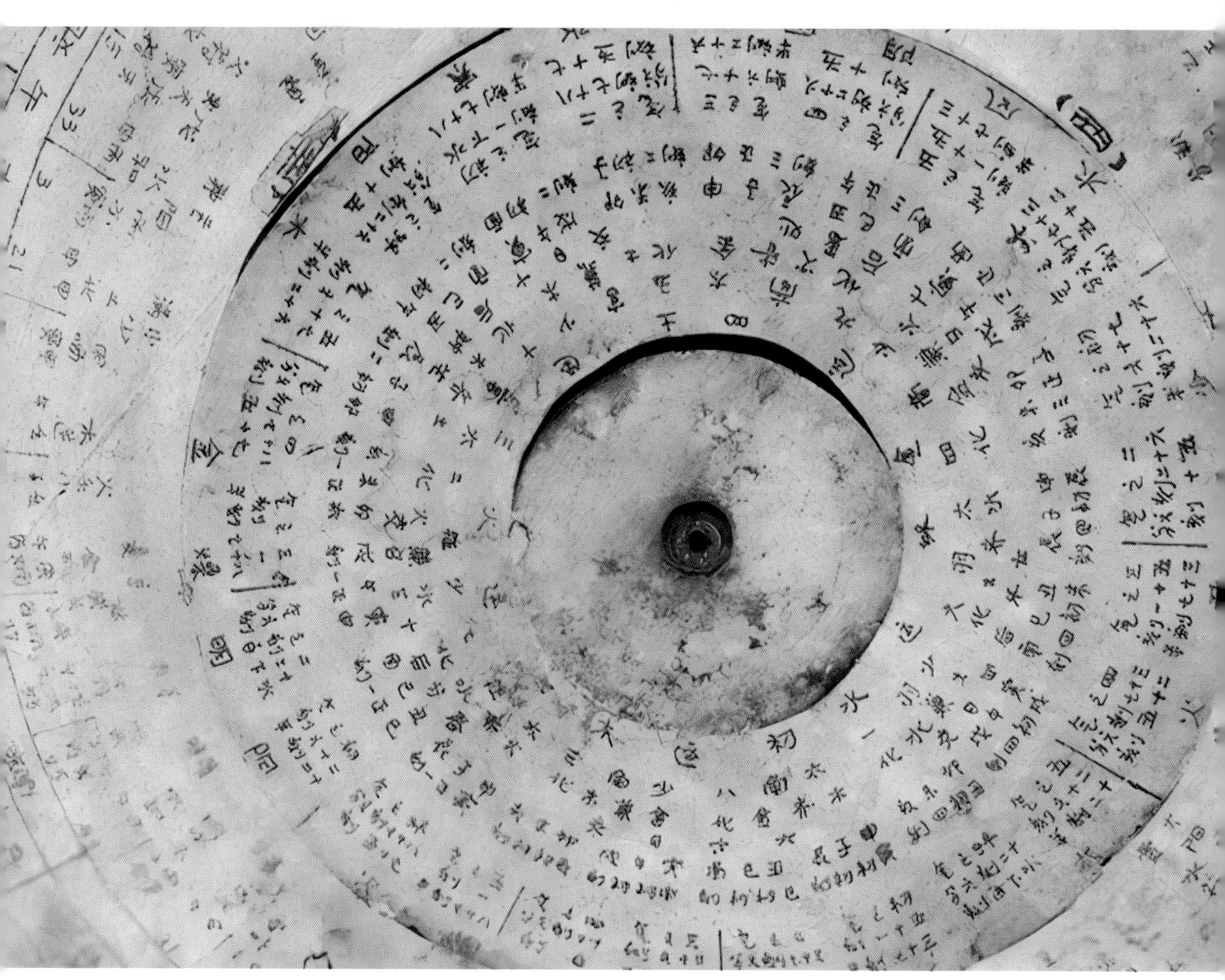

古代历法按日月运行规律而编制 Ⓥ

历法是根据天象变化规律，推算日、月、年等各种时间单位长度，调节它们的关系，制定时间序列的法则。史籍所载中国古代历法前后有 100 多部，其中颁布施行的有 50 余部。各部历法在制定规则和具体内容上既有承袭，也有变革，延绵几千年。

科学思维
科学方法

抽象与概括

古代天文学家在观察的基础上，通过抽象与概括，才提出了二十四节气的概念。抽象是在思想中抽取事物的本质属性或特有属性，撇开事物的非本质属性的思维方法。抽象是在对事物的属性做分析、综合、比较的基础上进行的。概括是在思想中把从个别事物中抽提出来的属性，推广到这一类所有事物，形成关于这类事物的普遍性认识。

中国上古历法采用干支纪元。先秦时期各国各地都有自己的历法，秦及汉初采用秦历。汉武帝时期开始统一全国历法，颁布《太初历》，此后历法不断完善，成为一门独立的天文学分支。中华人民共和国成立时，除使用公元纪年外，仍保留中国传统历——夏历的使用。1970 年以后改用结合了夏历成分的农历，2017 年颁布了国家标准《农历的编算和颁行》。现行农历由中国科学院紫金山天文台负责计算，每年出版官方历书《中国天文年历》。我们现在使用的农历是阴阳合历，它的历史最早可追溯至殷商时期，在甲骨文和古代中国典籍中多有记载。

阳历

阳历就是太阳历，是以地球绕太阳公转的运动周期为基础而制定的历法。历史上很多古老的民族都有以太阳运动规律为依据的历法。阳历的发展历经了多次改革，主要是确定回归年的长度（就是 1 年有多少天）。现行的阳历是在儒略历基础上加以改进、由罗马教皇格里高利十三世在 1582 年主持颁布的，也称为格里历。

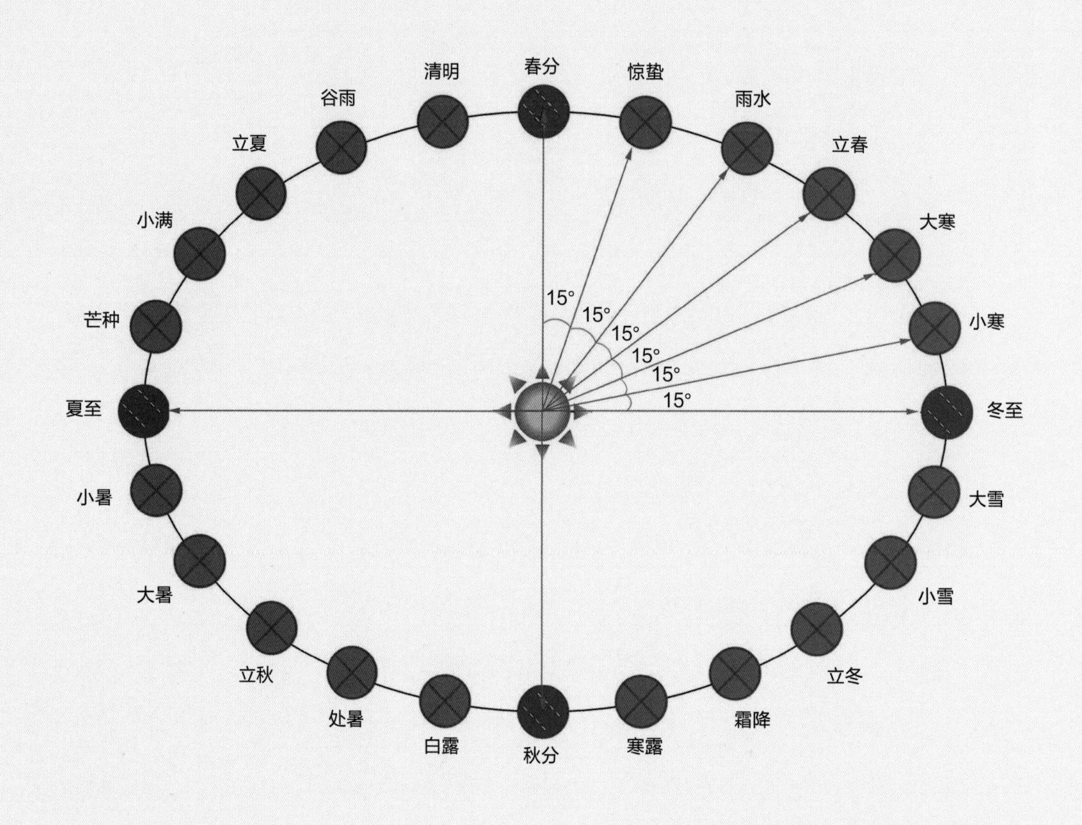

二十四节气与地球公转运动轨迹示意图的对应 Ⓖ

格里历的平均年长为365.2425日，与实际回归年长度365.24219日的误差极小，约3300年差1天，已经相当准确了。格里历被很多国家采用，现在称为公历。

阴历

月亮古称太阴，根据月相圆缺变化的周期（即“朔望月”）而制定的历法称为“太阴历”，简称“阴历”。阴历对昼夜的计算以日落为一天之始，到次日日落为一日，即黑夜在前，白昼在后，构成一天。古人很早就认识到月亮有规律的圆缺变化，周期大约29.5天，于是就很聪明地把月亮圆缺变化的规律用作记录比“日”更长一些的时期，这就是阴历的“月”。月还被分成大小月，规定大月 30 天，小月 29 天。这样平均一下就是 29.5 天，既符合了月相，也满足了月亮圆缺的变化周期，使得任何阴历月里整个月里的月相（圆缺）变化都是一样的。即朔（初一）那天是看不见月亮的，望（十五或十六）那天是满月。

单纯的阴历跟月相十分吻合，人们不用日历只看月相就知道是阴历月中的哪一天。但阴历也有一个缺点，就是单纯的阴历一年的长度不同于回归年长度，也就是 12 个阴历月长度是 354 天多，而回归年的长度是 365 天多。如果单纯使用阴历，日历很快就会与季节对应不上，因为季节取决于太阳，是与回归年对应的。为了调和阴历与阳历，使日历既符合月相，又符合季节，让阴历的月份和季节可以对应，中国古人巧妙地想出了一个折中的办法，即采用闰月来调整阴历一年的长度，使得每年阴历的天数跟阳历的天数相接近，这样就可以使阴历与阳历的一年四季都基本一致，这就是中国自古以来实行的阴阳合历。阴阳合历是以阳历“日”为计量一天的基础，以回归年长度为“年”的长度（365.25 天），以阴历月为中间单位“月”（大月 30 天，小月 29 天，平均 29.5 天），用阴历闰月（即加一个整月，以便符合月相）来调节阴历年的长度（差不多 19 年闰 7 次），使得每一年里回归年与阴历年的长度之差不超过 1 个月，这样既满足了阴历每天符合月相，又维持了阳历与季节相吻合。

文化漫游

二十四节气口诀歌

春雨惊春清谷天，
夏满芒夏暑相连。
秋处露秋寒霜降，
冬雪雪冬小大寒。
每月两节不变更，
最多相差一两天。
上半年来六廿一，
下半年是八廿三。

《淮南子》以天体运行规律为依据，第一次完整地记载了二十四节气的名称，并说明了确定方法。

二十四节气

二十四节气属于农历（阴阳合历）中的阳历系统，是上古农耕文明的产物，蕴含了中华民族悠久的文化和历史积淀。几千年来，我国劳动人民就遵循二十四节气从事农业生产活动。我国的二十四节气具有充分的科学依据，它代表着地球在公转轨道上 24 个不同的阶段。由于地球绕太阳一圈需要 365 天多，所以每个节气持续 15 天左右（15 × 24=360）。每个节气都预示着气候、物候、时候这“三候”的不同。

中国古人将太阳周年运动轨迹划分为 24 等份，每一等份为一个“节气”，包括立春、雨水、惊蛰、春分、清明、谷雨、立夏、小满、芒种、夏至、小暑、大暑、立秋、处暑、白露、秋分、寒露、霜降、立冬、小雪、大雪、冬至、小寒、大寒，统称“二十四节气”。

二十四节气形成于中国黄河流域，以观察该区域的天象、气温、降水和物候的时序变化为基准，作为农耕社会生产生活的时间指南，逐步为全国各地所采用，并为多民族所共享。二十四节气包含了人们对四季变化及转换规律的科学总结，是祖先留给我们的一份宝贵遗产。作为中国人特有的时间知识体系，该遗产深刻影响着人们的思维方式和行为准则。

阴阳合历和二十四节气知识体系的确立，是我国古代劳动人民高度智慧的结晶。2016 年 11 月 30 日，二十四节气被正式列入联合国教科文组织人类非物质文化遗产代表名录。在国际气象界，二十四节气被誉为“中国的第五大发明”。

交流展示

制作简易圭表

工具与材料:

刻度尺,铅笔,美工刀,垫板,砂纸,粗、细冷饮棒各一根,胶水。

活动过程:

1. 用薄木条(例如冷饮棒等)作为圭,在木条一端画一条横线,并在横线上作一条垂直的纵线,以两条直线的交点为零刻度,在纵线上每隔1cm画一个刻度。

2. 用细棒作为表,用胶水粘在圭上,一个简易圭表就制作完成了。(北回归线以北地区,表垂直竖立在圭的一端;北回归线以南地区,表垂直竖立在圭的中间。)

注意:表不宜过长,冬至日影最长时,影长端点能落在圭上即可。

4. 将圭表固定在太阳光能照射到的地方(比如朝南的窗台)。注意:借助指南针将圭表按照南北向放置,表的一端放在南面。

5. 每天正午(提前上网查找当地的日中时刻),在圭上标记表影的端点。

6. 按日历指示的节气日期,记录当日正午的表影端点,标记在圭上。特别关注6月20—24日,12月20—24日这两段时间内的记录,此时圭上将得到表影最短和最长时的端点,对应的节气分别为夏至和冬至。

思考:各节气的表影端点间距是否均匀?为什么?

第四章

中国古代丰富的天文遗产

明末清初著名学者顾炎武在《日知录》中说："三代（夏商周）以上，人人皆知天文。"这反映了中国古代对天文学的重视。中国最古老的文字甲骨文中就有不少关于天文的记载，中国古代各类典籍中都留下了关于日、月、彗星、超新星、太阳黑子、极光等的丰富天文学记录，中国古代天文学家则制成了精妙绝伦的天文仪器。这些天文记录、星图、天文仪器等不仅在当时冠绝天下，在今天仍然是无比宝贵的文化遗产。

一 | 天文记录有篇章

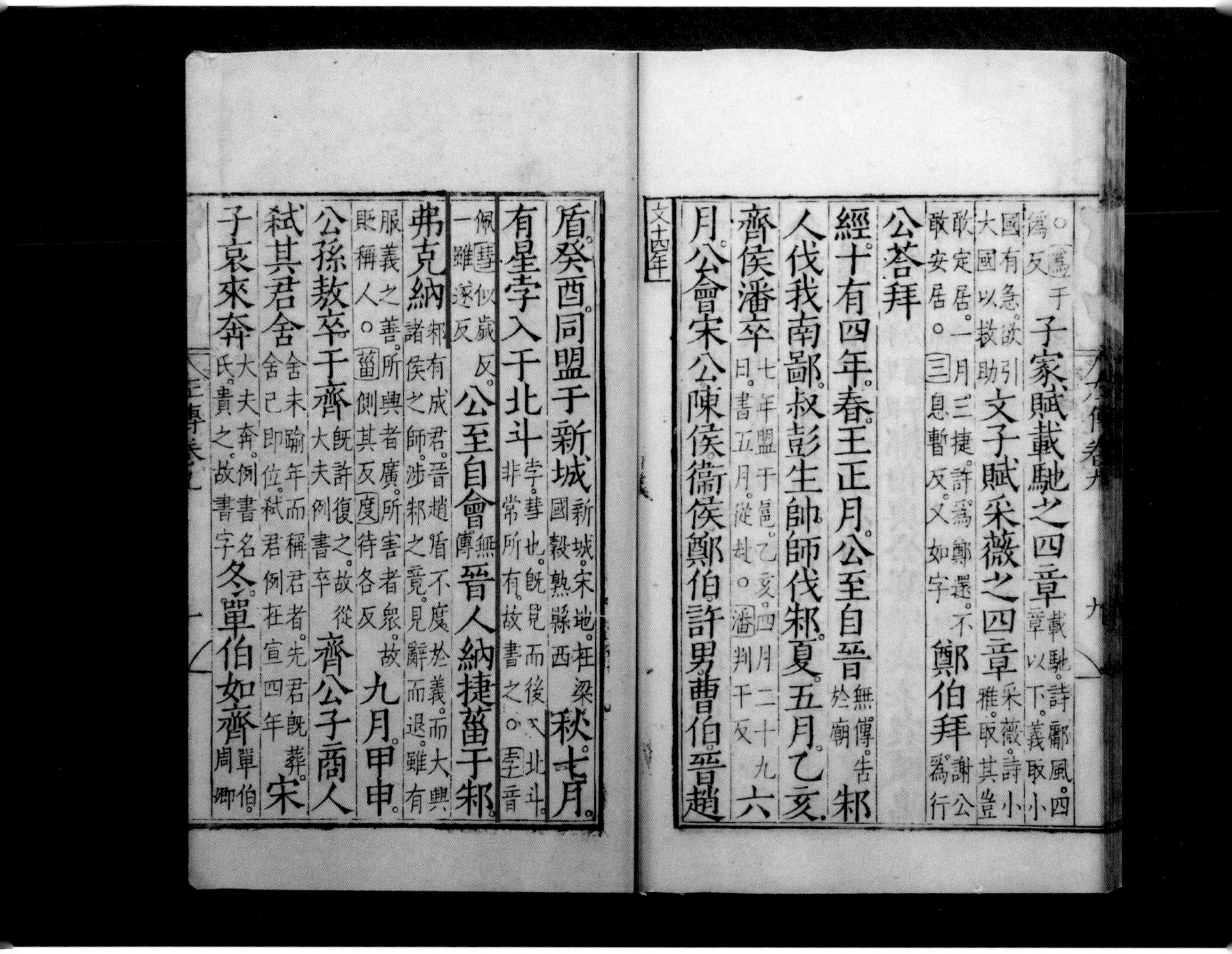

〇[音]于爲反子家賦載馳之四章載馳詩鄘風四章以下義取小國有急欲引大國以救助文子賦采薇之四章采薇詩小雅取其豈敢定居一月三捷許爲鄭還不敢安居〇[三]息暫反又如字鄭伯拜謝公爲行公荅拜

經十有四年春王正月公至自晉無傳告於廟邾人伐我南鄙叔彭生帥師伐邾夏五月乙亥齊侯潘卒七年盟于扈乙亥四月二十九日書五月從赴〇[潘]判干反六月公會宋公陳侯衛侯鄭伯許男曹伯晉趙

文十四年

盾癸酉同盟于新城新城宋地在梁國穀熟縣西秋七月有星孛入于北斗孛彗也既見而後入北斗非常所有故書之〇[孛]音佩似歲反一音雖遂反公至自會無傳晉人納捷菑于邾弗克納邾有成君晉趙盾不度於義而大興諸侯之師涉邾之竟見辭而退雖有服義之善所興者廣所害者衆故貶稱人〇[菑]側其反[度]待各反九月甲申公孫敖卒于齊既許復之故從大夫例書卒齊公子商人弒其君舍舍未踰年而稱君者先君既葬舍已即位弒君例在宣四年宋子哀來奔大夫奔例書名氏貴之故書字冬單伯如齊單伯周卿

《甘石星经》摹本 ⓩ

唐代天文古籍《天文要录》，其中有《开元占经》未收录的内容 ⑦

《甘石星经》

《甘石星经》是中国也是世界上最早的一部天文学专著和观测记录。这部著作大致成书于战国时期，其中包括齐国人（也有说楚国人或鲁国人）甘德的《甘经》八卷和魏国人石申（一名石申夫）的《石经》八卷，共十六卷。后人将两部书合称《甘石星经》。

可惜的是，《甘石星经》后来失传了，今天人们只能从唐代的《开元占经》里见到它的一些片段摘录。在南宋晁公武的《郡斋读书志》中保存了它的梗概。这些片段摘录及梗概表明，甘德和石申曾系统地观察了金、木、水、火、土五大行星的运行，发现了五大行星出没的规律。他们还记录了800颗恒星的名字，测定了121颗恒星的方位。后人将甘德和石申测定的恒星记录称为《甘石星表》，《甘石星表》所记载的星座测量形式，是中国天文测量学上独特的赤道坐标系。《甘石星表》反映了战国时代天文学的成就，标志着我国古代天文学发展到了一个新的高度。《甘石星表》是我国也是世界上最早的恒星表，比希腊天文学家伊巴谷测编的欧洲第一个恒星表大约早200多年。后世许多天文学家在测量日、月、行星的位置和运动时，都参考《甘石星经》中的数据。《甘石星经》在我国和世界天文学史上都占据着十分重要的地位。

《天官书》与天文志

西汉史学家、文学家、思想家司马迁在中国久负盛名，他创作了中国第一部纪传体通史《史记》，被誉为“历史之父”。司马迁同时也是一位造诣颇深的天文学家，《史记》包含有天文学方面的篇章《天官书》《律书》《历书》等，其中《天官书》是我国二十四史中最早在正史中列写天文志的著述，对我国后世史书记载对天文现象的观察和研究，产生了十分深远的影响。

《天官书》是最早对星官进行体系化描述的著作，同时也记载了汉代以前发生的天文事件，开创了史书列写天文志的先河。《汉书》以后，人们把专门记载天文学（不包括历法）的篇章定名为《天文志》，内容主要包括：宇宙理论，恒星知识，日、月及五星知识，天文仪器，天象分野以及古人所观察到的各种天象。

中国后世史书均有各时代的天文志，对中国古代连续记载天文现象、传承天象研究发挥了重要的作用。自此以后，历代正史中《天文志》记载天文星象、《律历志》记载历法、《五行志》记载天变灾异成了必备体例。这种记录绵延不绝，一直到清末。

《开元占经》

《开元占经》全名《大唐开元占经》，作者为瞿昙悉达（唐朝太史令，祖籍印度），成书时间约在公元718—726年之间，是中国古代天文学综合著作之一。《开元占经》曾经失传，后在明万历年间被重新发现，得以流传。

《开元占经》共120卷，记录了唐代以前大量的天文、历法资料，其天文内容有名词解释、宇宙理论、日月五星行度、二十八宿距度，石氏、甘氏、巫咸氏三家星官的名称和度数等，介绍唐《麟德历》、天竺《九执历》以及从古六历到《麟德历》共16种著名历法的纪年、章率等基本数据，保存了不少散失的古书内容及天文资料，对研究中国天文学史具有很高的学术价值。

中国天文学史泰斗——席泽宗

席泽宗 Ⓟ

席泽宗（1927—2008年）是我国著名的天文学家和科学史学家，中国科学院院士。席泽宗院士长期从事古代天象记录的现代应用、中国出土天文文献整理、天文学思想史研究、夏商周断代工程的研究整理等工作，在天文学史研究领域取得了诸多重要成就。

在古代新星和超新星研究方面，席泽宗做出了开创性的工作。他通过对古代文献的深入研究和考证，揭示了中国古代在天文观测方面的卓越成就，为世界天文学史的研究增添了重要的内容。

1981年，《天体物理学报》第2期发表席泽宗的文章《伽利略前二千年甘德对木卫的发现》，认为公元前4世纪，中国先秦天文学家甘德就曾用肉眼看到并记录了木星的卫星。为了确认肉眼可见木卫的事实，席泽宗还组织了10人观测队，到河北兴隆山上实地观测，以实践证明了木星的卫星不用望远镜就能看到，验证了甘德记录的真实和准确性。这一观测结果发表后，轰动了国际天文界，被认为是“实验天文学史”的开端。

2007年8月17日，经国际天文学联合会小天体命名委员会批准，获得国际永久编号的第85472号小行星被命名为“席泽宗星”。

二　星河灿烂图中现

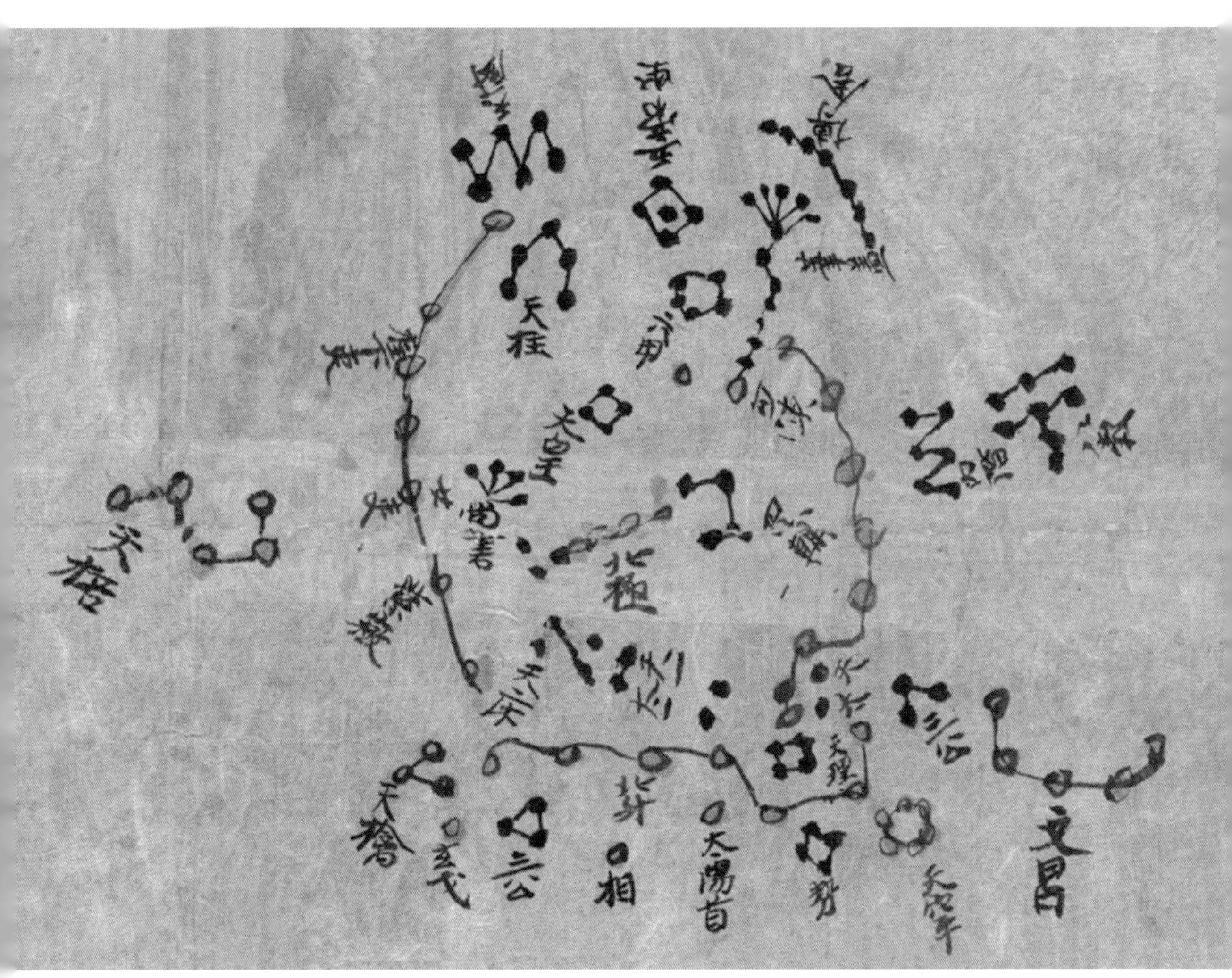

敦煌星图中的盖图，即紫微垣星图（大英博物馆藏）

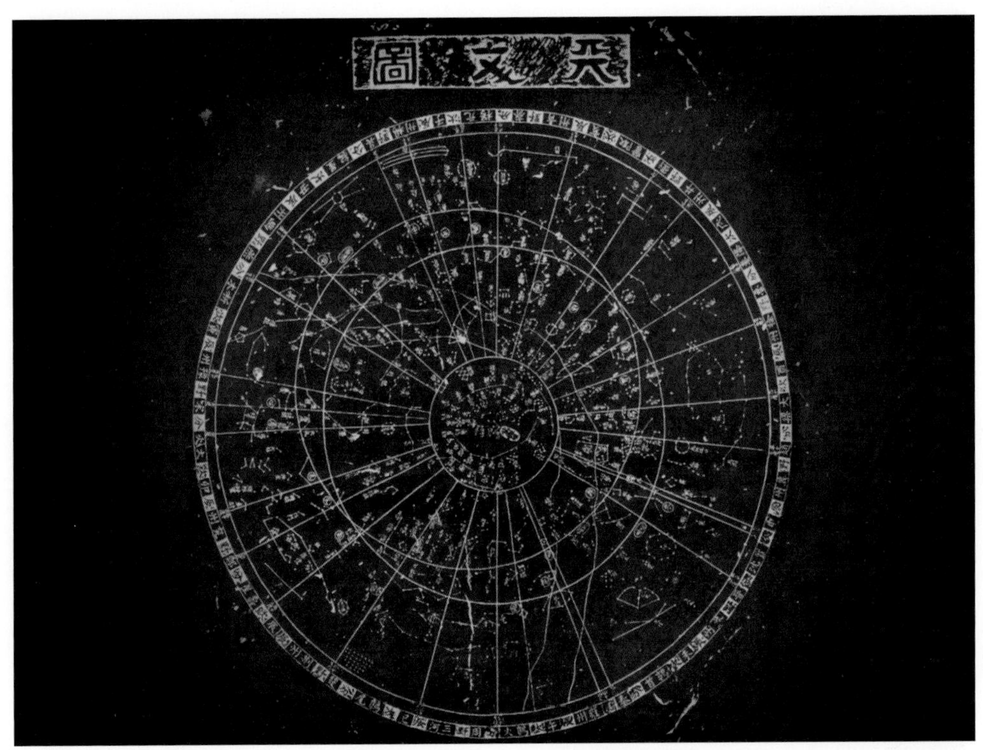

苏州石刻天文图，世界上现存最古老的根据实测结果绘制的全天石刻星图 ⑦

星图，简单说就是标记恒星（星空中肉眼看起来相互位置恒定不变）位置的图，是把恒星在天球球面上的位置投影于平面上绘制而成的图。类似于把地球球面绘制成平面地图，因此人们把星图称为“星星的地图”。星图是对天上恒星的一种形象记录，是用来认星和指示位置的一种重要工具。

古时的星图最初只以小圆圈或圆点附以连线表示星官与星座，如敦煌星图，后期才陆续加上标示黄道、赤道、分野（将天上的星空区域与地上的国、州相对应）等的参考线。以大小不等的黑点代表星星亮度的不同，有的星图附有说明、索引或图例等信息。

目前发现的 14 世纪以前的星图不多，也不完整，西方没有保存下来的古星图，中国有少数古星图保存了下来。三国时代，吴国太史令陈卓将甘德、石申、巫咸三家记录的恒星用不同标志方式绘在同一幅图上，含有 283 个星官与 1464 颗恒星的形象位置。此星图虽已失传，但被后人多处引用，唐中期绢制的敦煌星图中多有保留。著名的苏州石刻天文图是根据北宋元丰年间（1078—1085 年）的

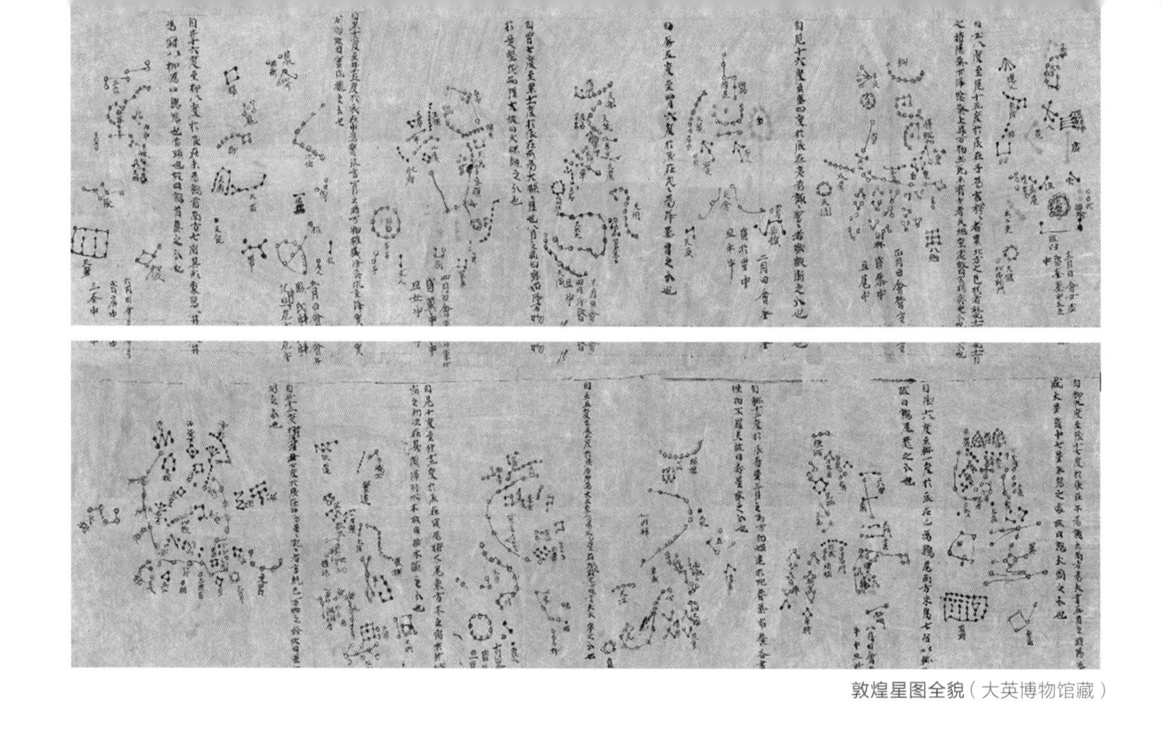
敦煌星图全貌（大英博物馆藏）

观测结果刻制的。《新仪象法要》中所载星图绘制于 1088 年，所依据的观测结果与苏州石刻天文图相同。

敦煌星图

敦煌星图是世界上最古老的星图。敦煌星图是从敦煌经卷中发现的古星图，有两幅，分别为甲本和乙本。敦煌星图乙本现藏于甘肃省敦煌市文化馆，是一幅从残缺的长卷中存留下来的绘有紫微垣及附近恒星的星图。该图以黑色星点代表甘德星，以红色星点代表石申、巫咸星。专家论证这应该是一幅抄本，抄写年代估计在晚唐到五代时期。

敦煌星图甲本原藏于甘肃省敦煌市莫高窟，是比较完整的绢本彩色手绘长卷图，极为珍贵。该图 1900 年被发现，1907 年被英国人斯坦因盗走，现藏于英国伦敦大英博物馆。

敦煌星图是世界上现存星图中最古老、记录星数最多的星图。据考证，此星图绘制于唐中宗时期，除有名无星者外，图上实有星数 1359 颗，星官 257 个。此图是一长卷敦煌经卷的一部分，内容十分丰富，图形按太阳在几个月中的位置，从 12 月开始，沿赤道一周分别画成 12 幅星图（横图），最后是紫微垣星图（盖图）。

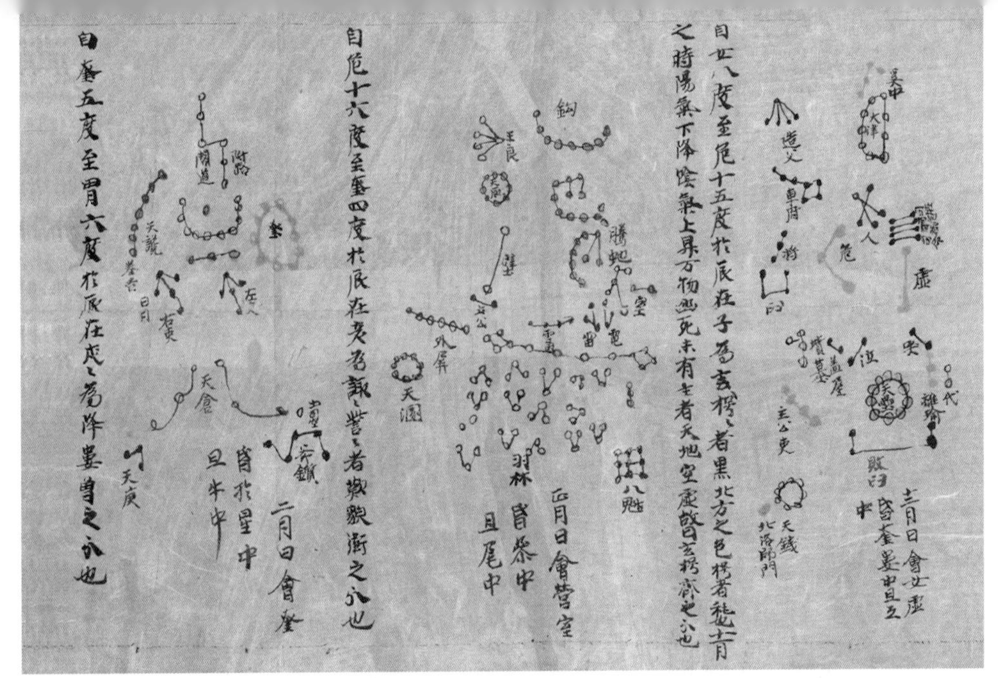

敦煌星图中的前3幅横图，分别是十二月、一月和二月的星图（大英博物馆藏）

文字部分采用了《礼记 · 月令》和《汉书 · 天文志》中的材料。此星图上的星点用黑色、橙黄色、圆圈和外圆圈内橙黄点等多种形式标注。黑点用以表示甘德星，其余形式通用于石申星和巫咸星。星图中所有的星都采用红、黄、黑三种颜色标记，点与点之间使用黑色的连线表示星官图形，这遵循了中国古代石申、甘德、巫咸三家星官的传统。

敦煌星图中的“盖图”，即北极天区图，绘制得非常清晰，中间有四个红色黑边圆点，分别为小熊座γ、小熊座β、小熊座5和小熊座4。另有一个浅色红点，可能就是当时的北极星。整个北极天区绘有144颗星，大致对应中国古代星图中的紫微垣。

苏州石刻天文图

苏州石刻天文图是世界上现存最早的根据实测数据绘制的石刻全天星图。它是根据北宋元丰年间（1078—1085年）的观测结果，由黄裳在公元1190年绘图、王致远在公元1247年刻制而成的。石碑原保存于苏州府学，现存于苏州市文庙。后来人们担心该星图会年久磨灭，于是又重新刻制了一块，保存在江苏常熟，称常熟石刻天文图。

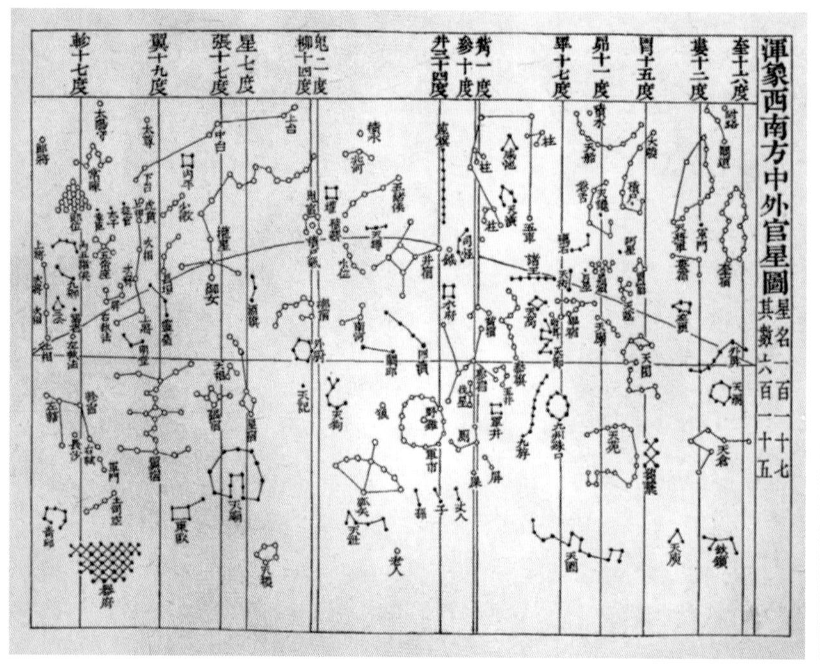

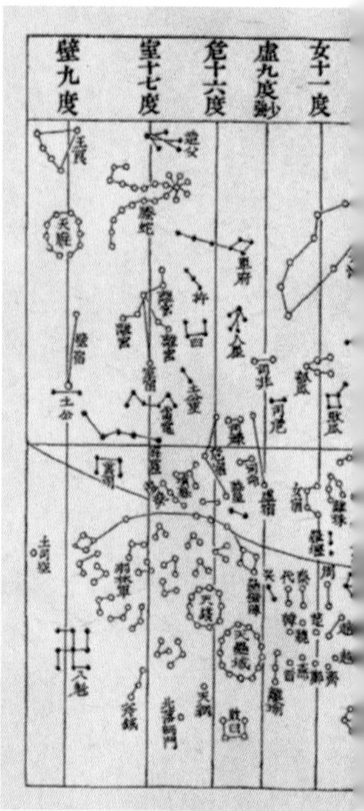

浑象西南方中外官星图 ⑦

苏州石刻天文图以北天极为圆心，刻画出三个同心圆。其中外圆直径 85 厘米，包括赤道以南约 55° 以内（北纬约 35° 地区可见）的恒星；中圆是天赤道，直径为 52.5 厘米；内圆直径为 19.9 厘米，包含观测点地区永不下落（北纬约 35° 地区的恒显圈）的常见星；黄道与赤道斜交，交角约 24°；按二十八宿距星之间的距离，从天极引出宽窄不同的 28 条辐射状线条，与三圆正向交接，分别通过二十八宿的距星，每条线的端点处注有二十八宿的宿度；最外边还有两个比较接近的圆圈，圈内交叉刻写着十二次、十二辰及州、国分野等各十二个名称。全图共有星 1440 余颗，图中银河清晰，河汉分叉，刻画细致。

《新仪象法要》星图

宋代苏颂在《新仪象法要》中绘有多种星图，计 14 幅。这 14 幅星图中，最有价值的是浑象紫微垣星图、浑象东北方中外官星图、浑象西南方中外官星图、浑象北极星图和浑象南极星图等。其中浑象东北方中外官星图包括从角宿到壁宿的星官，浑象西南方中外官星图包括从奎宿到轸宿的星官，浑象紫微垣星图

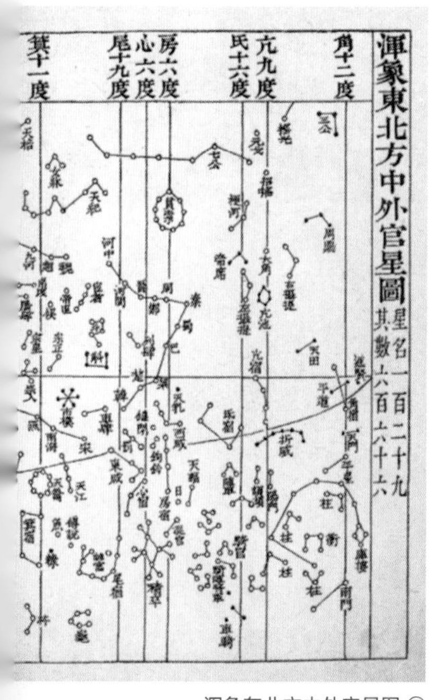

浑象东北方中外官星图 ⑦

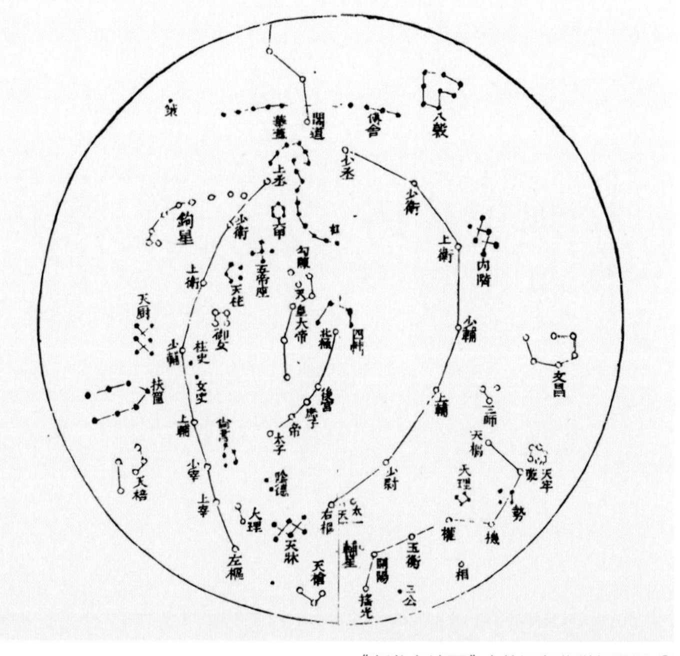

《新仪象法要》中的浑象紫微垣星图 ⑦

包括以北斗七星为主的布列于浑象之北上规（圆圈）内的 183 颗星，浑象南极星图和浑象北极星图则是以天球赤道为最外界大圆的南天星图和北天星图。

苏颂星图是历史上流传下来的全天星图中保存在国内的最早星图。唐代敦煌星图在时间上比苏颂星图要早，但苏颂星图比敦煌星图更细致，也更准确。敦煌星图绘星 1359 颗，苏颂星图绘星 1464 颗；敦煌星图主要依据《礼记·月令》的资料，并非实测，苏颂星图则是根据元丰年间的实测绘制；敦煌星图是从玄枵（十二星次之一）开始，按十二次的顺序作不连续排列，中间夹以说明文字，有关分野问题也不科学，而苏颂星图则从角宿开始，按二十八宿顺序作连续排列，并且完全去掉了有关分野等不科学的成分。

就所列星的数目而言，苏颂星图的贡献也是值得称道的。欧洲文艺复兴运动以前观测到的星数是 1022 颗，比苏颂星图少 422 颗。西方的一些科技史专家甚至认为："从中世纪直到 14 世纪末，除中国的星图以外，再也举不出别的星图的例子了。"

三 | 观天机巧
见匠心

三 观天机巧见匠心

康熙年制磁青纸简平仪 ②

陈列于中国科学院紫金山天文台的明仿制浑仪 Ⓥ

浑天仪（浑仪与浑象）

浑天仪是浑仪和浑象的总称。浑仪是测量天体坐标位置的一种仪器，而浑象是用来演示天象的仪器。浑仪和浑象都是反映浑天说思想的仪器。

浑仪的历史可追溯到先秦时期，它由多重同心圆环构成，整体看起来就像一个圆球。浑仪的改进和完善，经历了一个由简而繁，随后又由繁而简的历程。从汉代到北宋，浑仪的环数不断增加，之后环数减少，简仪出现。

浑象是浑天说的演示仪器，是在一个大圆球上刻画或镶嵌星宿、赤道、黄道、恒隐圈、恒显圈等，能转动演示天上星星分布与运动的仪器，类似现代的天球仪。浑象主要用于表征天球的运动,演示天象的变化。最早的浑象发明于公元前 2 世纪，发明者是西汉天文学家耿寿昌。东汉时期张衡的水运浑象对后世浑象的制造影响很大，宋朝的水运仪象台与之一脉相承，达到历史上浑象发展的最高峰。

陈列在中国科学院紫金山天文台的明仿制浑象 Ⓥ

水运仪象台

公元 1086 年，北宋科学家苏颂以吏部尚书身份“提举研制新浑仪”。他挑选了精通天文和数学的韩公廉、精通机械制造的王沇之等一批高精尖人才以及诸多能工巧匠，成立“详定制造水运浑仪所”。苏颂亲自设计方案、确定计划，在大家的共同努力下，历时 6 年，建成了一座高 12 米、长宽各 7 米（像三层楼房一样高大），采用水力驱动，集天文观测、星象演示和精确报时系统于一体的大型自动化运作的天文仪器——水运仪象台。水运仪象台达到了中国古代天文仪器制造史上的巅峰，被誉为世界上最早的天文钟。

水运仪象台是一座三层木制建筑，上层安放一架观测天体的浑仪，中层放置一台演示天象的浑象，下层是水运驱动装置，能按天体视运动速度带动上面的浑仪、浑象运行（类似现代望远镜跟踪星体的系统），同时给出精确报时

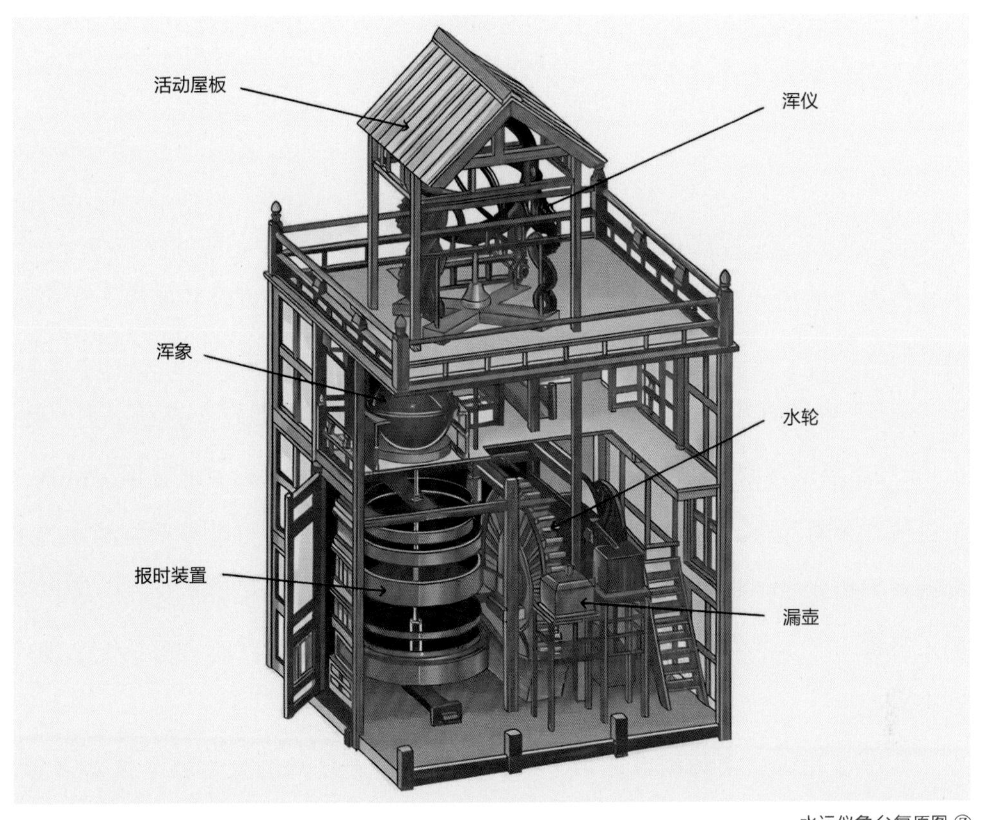

水运仪象台复原图 ⑦

（类似现代天文台使用的机械天文钟）。水运仪象台不仅是中国历史上前无古人的成就，而且在以下三个方面达到世界领先水平，中外科技史专家无不为之叹服。

第一，现代天文转仪钟的远祖。水运仪象台上层观测用的浑仪，通过“天运单环”与枢轮相连，使浑仪能随枢轮运转。这与现代天文台采用转仪钟控制望远镜跟随天体运动的原理是一样的。可以说水运仪象台的这套装置是现代天文台跟踪系统——转仪钟的远祖。英国科技史学家李约瑟对这一点给予高度评价：“苏颂把时钟机械和观察与浑仪结合起来，在原理上已经成功。因此可以说他比罗伯特·胡克先行了六个世纪，比方和斐先行了七个半世纪。”

第二，现代天文台活动圆顶的祖先。水运仪象台顶部设有九块活动的屋板，雨雪天气时盖上，可以防止雨雪侵蚀仪器，观测时则可以自由打开。这是现代天文台圆顶的祖先。所以，苏颂与韩公廉还是世界上最早设计和使用天文台观测室的人。

第三，现代钟表的先驱。水运仪象台的原动轮叫枢轮，是一个直径1丈1尺，由72根木辐挟持着36个水斗和36个钩状铁拨子组成的水轮。枢轮顶部设有一组包括“天衡”“天关”“天权”“左右天锁”的杠杆装置，枢轮靠铜壶滴漏的水推动。天衡系统对枢轮杠杆的这种擒纵控制与现代钟表的关键机件——擒纵机构（俗称卡子）具有基本相同的作用。所以说，水运仪象台的天衡系统是现代钟表的先驱。

苏颂在完成这架倾国家之力、结构复杂、运转精巧的大型科学仪器之后，又花费两年时间（约1094—1096年）把水运仪象台的总体和各部件绘制成图并加以说明，著成《新仪象法要》一书，据此后人得以了解其中的设计思想和实施方法。苏颂在《新仪象法要》中绘制了有关天文仪器和机械传动的全图、分图、零件图共50多幅，绘制机械零件150多种，其中多为透视图和示意图，是我国也是世界上保存至今的最早、最完整的机械图纸。正是根据这些图纸，现代科技史学家王振铎、李约瑟等人，以及现代天文台、大学里的天文学家们，才能较准确地复原出水运仪象台的全貌。反过来，成功的复原也证实了仪器的真实性和《新仪象法要》的可靠性。

《新仪象法要》中的机械图是工业革命之前世界上描绘一座机械装置的最复杂的成套技术图，除了构造总图，还有部件图、零件图、建筑外形图等。苏颂拥有较强的绘画基础，他灵活运用了中国传统绘画的散点透视等画法，充分展现了仪器的内部构造和外形。从这些图纸和说明文字中我们可以知道，水运仪象台枢轮的运转规律是齿轮系从6个齿到600个齿的传动；每25秒落水一斗，每刻钟转一周，一昼夜转96周，而昼夜机轮、浑象、浑仪也转一周，这与地球

陈列于中国科学院紫金山天文台的明仿制简仪，左边为地平式日晷，中间为赤道经纬仪，右边为地平经纬仪 Ⓥ

运动是大致相应的。通过这些图纸，我们知道水运仪象台的下层是五层木阁楼。第一层木阁内是昼夜钟鼓轮，有不等高的三层小立柱，可以拉动三个木人的拨子，以关拨作用拉动木人的手臂。到一刻钟时，木人出而击鼓，时初摇铃，时正敲钟。第二层木阁内是昼夜时初正轮，第三层木阁内是报刻司辰轮，第四层木阁内是夜漏金钲轮，第五层木阁内是夜漏司辰轮。

《新仪象法要》作为技术图纸意义重大，要是没有这些珍贵的图纸，我们很难搞清楚这些非常精密复杂的机构，了解木阁内的机械木人是如何按时击鼓、摇铃和敲钟的。因此，《新仪象法要》中所附机械图是了解苏颂天文著作及其成就的关键，同时也是进而释读张衡、一行、张思训等人的同类著作和所制仪器的钥匙。

简仪

在望远镜发明之前，浑仪成了天文学家测定天体方位必备的仪器。浑仪经

复制的玲珑仪，现存北京古观象台 Ⓥ

历了多次改进，结构越来越繁杂，造成环与环相互遮挡，观测不便。到了元代，天文学家郭守敬对传承千年的浑仪进行了大胆的简化，创制了仅包括相互独立的赤道装置和地平装置的简仪。

简仪设计精巧，是我国天文仪器制造史上的一次飞跃。简仪把两个装置放在同一个长方形底座上，其中赤道经纬仪由一个赤道环和一个带窥管的四游环组成，整个仪器北高南低、倾斜地架在支架上，使赤道环平行于天球赤道，四游环穿过一根垂直于赤道环的轴转动起来，正好和天球转动的方式一样。如此成型的简仪，实际上就是现代天文学中所说的“赤道仪”。郭守敬在简仪上设计的赤道经纬仪是世界上最早的赤道装置，欧洲直到 1598 年才出现由丹麦天文学家第谷发明的类似装置（也没有望远镜）。直到 18 世纪，欧洲才开始流行基本结构类似简仪的赤道式天文望远镜。

郭守敬还在简仪中使用了圆筒形短铜棍（类似现代的滚柱轴承），以使简仪南端的动赤道环可以灵活地在定赤道环之上运转，西方的类似装置在 200 年后

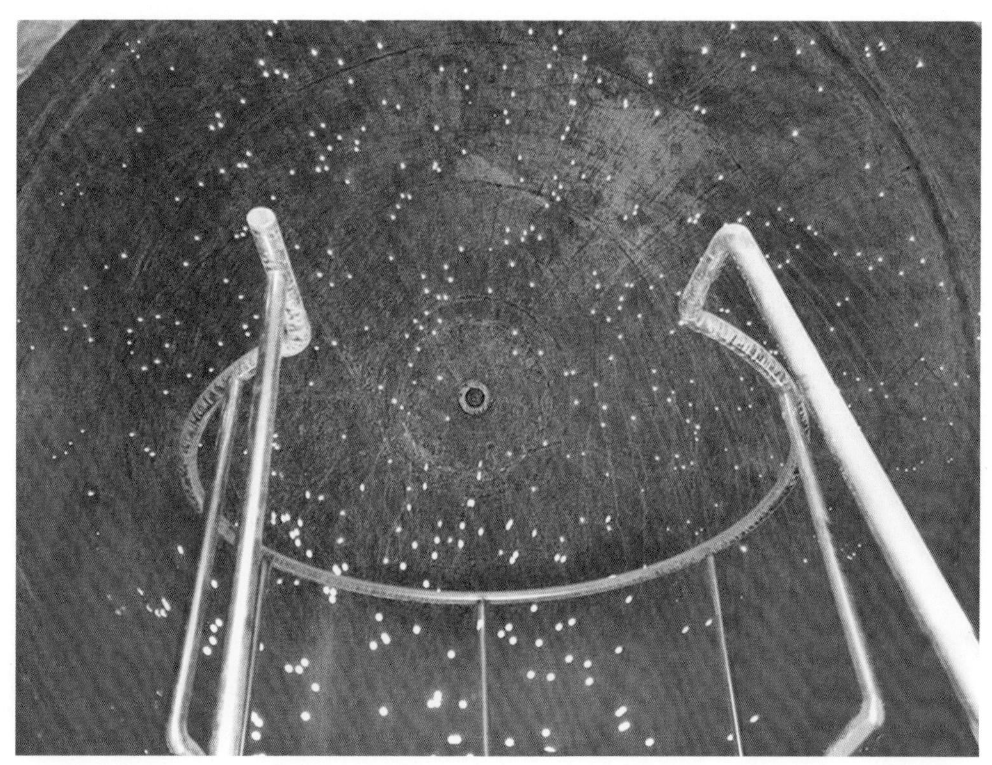

玲珑仪内部 Ⓥ

才由意大利科学家达 · 芬奇发明出来。简仪的底座架中还装有正方案（后人换成地平式日晷），用来校正仪器的南北方向。

正方案是郭守敬创制、用于确定方向的便携式仪器，实物是一块四尺见方的正方板，在板面刻出十九个同心圆，圆心立一表杆。将正方案平放，可测东西南北方向。正方案利用同心圆测定方向，排除了地磁极的影响，所以指示的是地理正南北方向而非地磁南北方向，这是当时世界上最精确的定向仪器。

玲珑仪

郭守敬还创制了演示天象的仪器——玲珑仪，这是一个在球面上打出星点、人在球内部观看的天象观测仪器。明初《草木子》记有："玲珑仪，镂星象于其体，就腹中仰以观之。"玲珑仪不仅因星凿孔，而且把赤道坐标网也凿出了孔，人在里面可观看到坐标网的出没，观看星体的位置更为清楚。据考证，玲珑仪的旋转轴倾斜角为 40° ，即元大都（元朝首都）的北极出地高度（当地纬度）。

四 | 高台远望正朝夕

登封古观星台 Ⓥ

阏伯台遗址 Ⓩ

阏伯台

阏伯台位于河南省商丘市。4000 多年前，阏伯发明了以火纪时的历法。在主管火的同时，阏伯又修筑了一座高台用以观察日月星辰，测定一年的自然变化和年成的好坏，为老百姓的农耕提供宝贵的经验，也为中国古老的天文学作出了重要的贡献。阏伯深受当地人民的爱戴，所以他修筑的用以观察星象的高台被后人称为阏伯台。又因为阏伯被后世尊称为火神，所以这座高台也叫火神台。

1994 年 5 月，全国 30 余位天文学家和考古学家齐聚商丘火神台，通过考古和研讨一致认为：帝尧时期的阏伯在此观星授时，根据大火星的运行规律分清了春夏秋冬四季，指导当时的农时。阏伯台是全国现存最早的一座古代观星台遗址，距今已有 4500 多年的历史。

商丘的来历

传说古时候阏伯被封为火正（主导用火的官员），派到商丘管理大火星，因此被后世尊为“火神”。《左传》中记载：“唐氏之火正阏伯居商丘，祀大火，而火纪时焉。”阏伯后来被赐封建立商国，死后他的陵墓被叫作商丘，这是商丘之名的最早出处。

周文王灵台遗址 Ⓩ

灵台

灵台是一种用来观测天象的高台建筑。天象在上，登高始能望远，所以要筑高台。相传这种高台在夏代叫清台，在商代叫神台，到周代始称灵台。

西周初年周文王在都城丰邑（今陕西省西安市沣河西畔）筑灵台，称“周文王灵台”。在中国最古老的诗歌总集《诗经》的《大雅》中，有题为《灵台》的篇章，最初几句为“经始灵台，经之营之，庶民攻之，不日成之”，表明周文王建造灵台是得到全体百姓拥护的伟业。西周时灵台是天子祭祀、诸侯朝聘之所；到春秋时期，诸侯也开始设台，称观台。

发展到东汉，围绕灵台的运行和管理出现了规模庞大、人员众多、专业明确、分工细致的国家机构。东汉灵台始建于光武帝建武中元元年（公元 56 年），距今已有 1900 多年的历史。在东汉灵台 100 多年的历史中，最杰出的人物无疑是张衡。张衡曾两度出任太史令，主管灵台工作并创制多种天文仪器，著有《灵

东汉灵台遗址 Ⓩ

宪》等重要天文学著作，并创制世界上最早用水力推动观测天象的浑天仪和世界上最早的测报地震仪器——候风地动仪。

东汉灵台位于东汉都城洛阳城南郊，遗址位于今洛阳市洛成区。东汉灵台至曹魏、西晋时仍继续使用，后毁于西晋末年的战乱。汉以后的文献中，有关灵台活动的记载逐渐减少。

登封古观星台

登封古观星台（见96页图）是中国现存最古老的天文台，距今已有700多年的历史，是中国天文科学领域中的珍贵遗产。1279年，郭守敬在登封驻留，并在周公定天地之中的测影台旁建起了一座大胆而巧妙的高表测影台（即观星台），且以此为中心观测站，“昼参日影，夜观极星，以正朝夕”。

郭守敬建造的这座观星台位于当地的正南正北方向，这足以证明当时中国

夜幕下的北京古观象台 Ⓥ

的天文观测已达到了相当高的水平。郭守敬观星台是中国现存最完好的古天文台建筑，也是世界上重要的天文古迹。观星台高 9.46 米，顶面约 8 米见方，整个台体越往下越宽，底面边长约 17 米。台的南壁上下垂直，东西两壁自下而上向内倾斜收缩，北壁正中有一个上下直通的凹槽。从槽的底部开始，有一条全长 31.19 米的石圭沿地面朝正北延伸，称为“量天尺”。这个北壁凹槽相当于一个高表，横梁正好架在一东一西两间小屋上。横梁的影子投向圭面，再配上景符，即可准确地测量影长。

2009 年，正值国际天文年之际，英国《新科学家》杂志盘点世界九大神秘古观象台，河南登封古观星台名列第二位。

北京古观象台

北京古观象台位于北京建国门立交桥西南角，始建于明正统七年（1442年），是明、清两代封建王朝的皇家天文台，也是世界古天文台之一，已有500多年的历史。

北京古观象台高14米，东西长约23.9米，台顶南北宽约20余米，分为上下二层。从明正统初年到1929年，北京古观象台被用于天文观测近500年，是现存的保持连续观测时间最悠久的古观象台。北京古观象台还以建筑完整和仪器配套齐全而在国际上久负盛名。清制8架铸造精湛的天文观测仪器，除了造型、花饰、工艺等方面具有中国传统特色外，在刻度、游表、结构等方面，还反映了欧洲文艺复兴以后大型天文仪器的进展和成就，是东西方文化交流的历史见证。1900年，八国联军入侵北京，德、法两国侵略者曾把这8件仪器连同台下的浑仪、简仪平分，各劫走5件。1921年，这些仪器归还并重新安置在观象台上。1931年日本侵略者进逼北京，为保护文物，政府将置于台下的浑仪、简仪、漏壶等7架仪器运往南京，这7架仪器现在分别陈列于紫金山天文台和南京博物院。北京古观象台于1982年被列为全国重点文物保护单位，并于1983年重新对外开放。

中国科学院紫金山天文台位于南京市玄武区紫金山上，是中国人自己建立的第一个现代天文学研究机构，被誉为“中国现代天文学的摇篮”。

在紫金山天文台内的露天平地上，陈列着一批珍贵的古代天文仪器，其中有明代复制的浑仪、简仪、圭表三件，清代复制的天体仪一件。这批古天文仪器原建造设立于北京，后被八国联军掠走，有的甚至漂洋过海，几经波折，于1935年辗转运至紫金山天文台，陈列至今。

玑衡抚辰仪，于1754年制成，主要用于测定天体的赤经和赤纬，是中国古代最后一架大型青铜仪器

纪限仪，制造于1669—1673年，由南怀仁监制，主要用来测定60° 内两天体之间的角距离

黄道经纬仪，制造于1669—1673年，由南怀仁监制，是中国第一架独立的黄道坐标系统观测仪器，主要用于测量天体的黄道经纬度以及测定二十四节气

地平经纬仪，制造于1713—1715年，由德国人纪理安负责督造，主要用于测量天体的地平坐标

地平经仪，制造于1669—1673年，由南怀仁监制，用于测量天体的地平经度

赤道经纬仪，制造于1669—1673年，由南怀仁监制，用于测定太阳时和天体的赤经、赤纬

天体仪，制造于1669—1673年，由南怀仁监制，主要用于黄道、赤道和地平三个坐标系统的相互换算以及演示天体在天球上的视位置等

象限仪，又称地平纬仪，制造于1669—1673年，由南怀仁监制，用于测量天体的地平纬度

北京古观象台陈列的清制8架天文仪器 Ⓥ

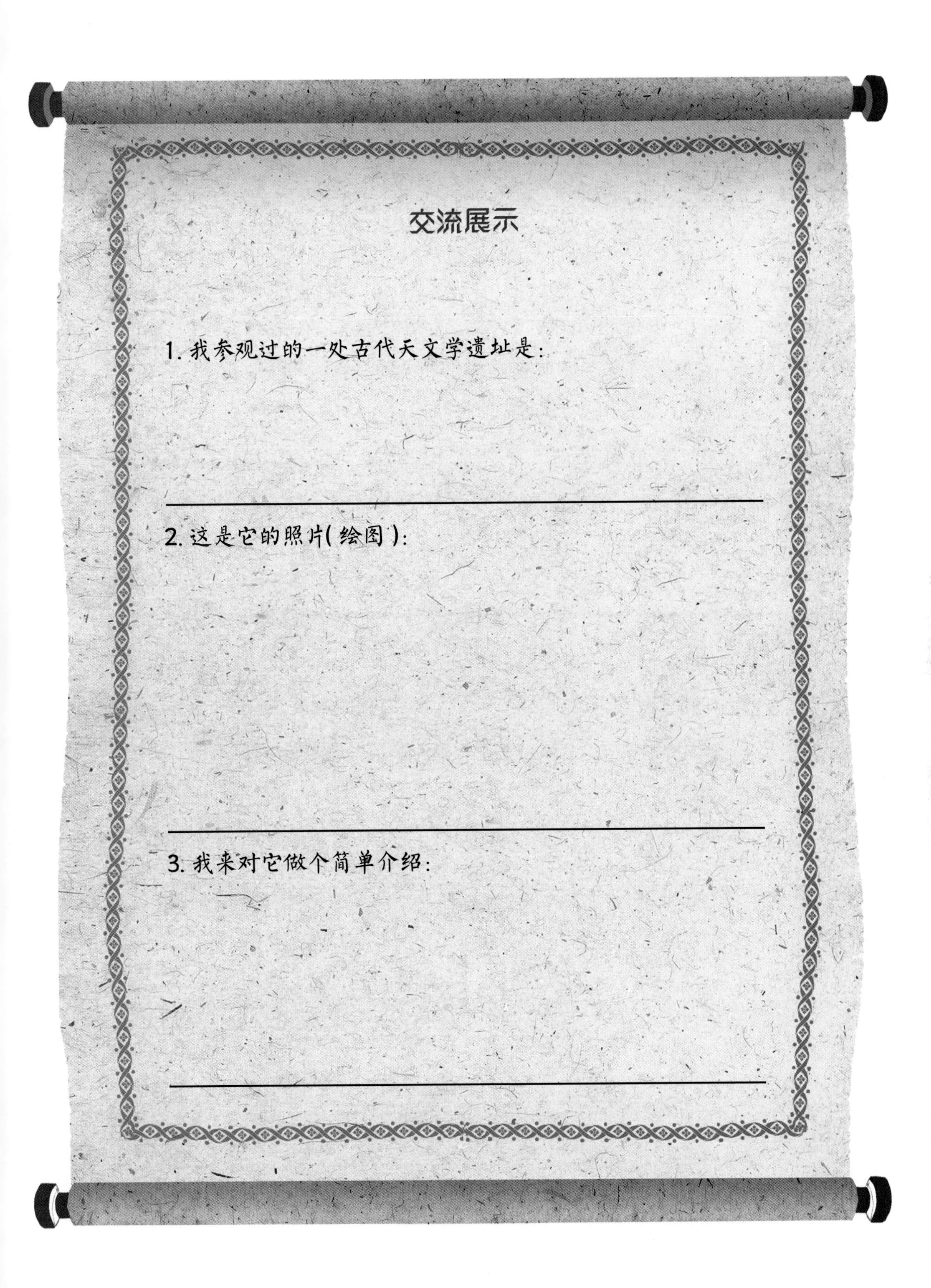
交流展示
1. 我参观过的一处古代天文学遗址是：
2. 这是它的照片（绘图）：
3. 我来对它做个简单介绍：

第五章
现代慧眼望星空

夜行观星

（宋）苏轼

天高夜气严，列宿森就位。
大星光相射，小星闹若沸。
天人不相干，嗟彼本何事。
世俗强指摘，一一立名字。
南箕与北斗，乃是家人器。
天亦岂有之，无乃遂自谓。
迫观知何如，远想偶有以。
茫茫不可晓，使我长叹喟。

谈到当代星空探索，第一个绕不开的话题就是天文望远镜。望远镜有多种分类方法。例如，按观测波段分类，可把望远镜分为光学望远镜、红外望远镜、射电望远镜等；按使用地点分类，可分为地基望远镜和空间望远镜。自从天文望远镜发明以来，天文研究的主要观测手段就是各式各样的望远镜。望远镜既是观测宇宙的工具，本身也是高新技术的结晶。望远镜技术的每一次发展和飞跃，都是最新、最先进科学技术的集成。

随着望远镜在各方面性能的改进和技术的提高，天文学经历了一次又一次的飞跃发展。

世界上最大的单口径球面射电望远镜——中国天眼 Ⓥ

科学概念

光学望远镜

光学望远镜是一种利用光学原理来收集和聚焦光线，从而观测遥远天体的仪器。它主要由物镜和目镜组成，物镜用于收集来自天体的光线并聚焦成一个像，目镜则将这个像进一步放大，以便观测者能够更清晰地看到天体的细节。

光学望远镜依据其结构和工作原理的不同，可分为折射望远镜、反射望远镜和折反射望远镜等类型。

自 1609 年伽利略制成世界上第一架天文望远镜到现在，已经过去了 400 多年。中国因近代工业的落后，1949 年以前几乎没有自己制造望远镜的工业基础。中国现代天文技术的起步可以说始于 20 世纪 50 年代，老一代的光学专家自己手工磨制望远镜镜片，中国科学院紫金山天文台于 1956 年研制成我国第一台天文望远镜——13 厘米施密特望远镜，中国天文学家和天文技术专家开启了当代星空探索的历程。

一 2米级光学天文望远镜——小目标

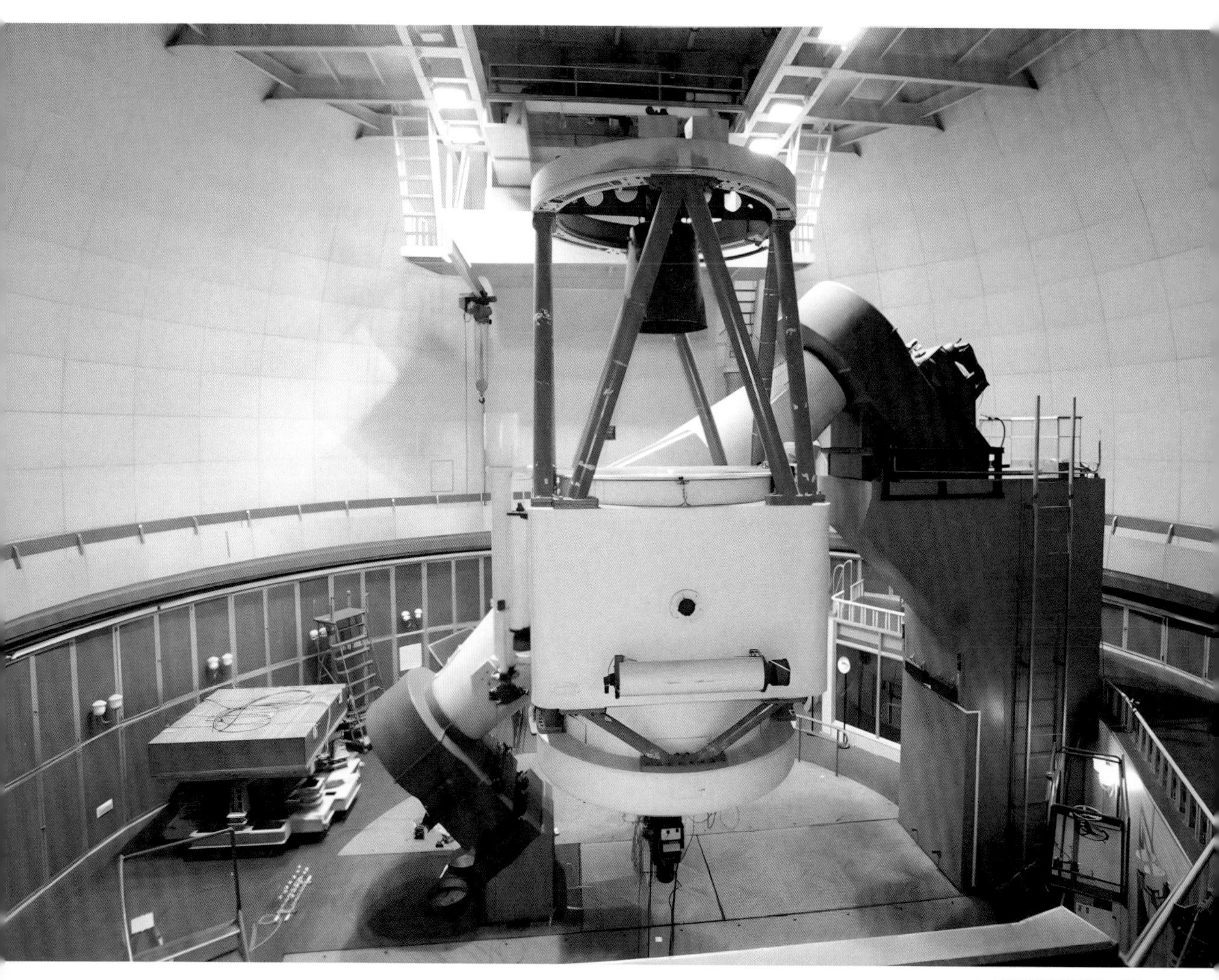

2.16米光学望远镜 Ⓝ

1957年，中国天体物理学奠基人程茂兰先生从法国归来，带回了全新的天体物理天文台和配套天文观测设备的建设理念，以及在中国建立天体物理天文台的规划蓝图。1958年，以程茂兰先生为首的中国科学家开始筹建以天体物理学研究为主的综合性的、全新的北京天文台，并计划建立一台2米级中大口径光学天文望远镜。

为此，中国的一代代天文工作者自力更生，开始了艰辛的探索历程。

科学概念

空间望远镜

空间望远镜是一种放置在地球大气层之外的望远镜，在太空中进行天文观测。由于没有大气层的干扰，空间望远镜能够提供比地基望远镜更清晰的图像和更精确的测量，特别是在紫外线、X射线和伽马射线等波长上。空间望远镜具有高分辨率、高稳定性、全波段观测、长时间观测等优点。

第一台有特色的专业天文望远镜

1962—1964年，由中国科学院南京天文仪器厂自行研制并安装在紫金山天文台的43/60/80折反射望远镜，是中国自行研制的第一台投入天文观测的60厘米级中大型天文望远镜。这台望远镜当时在国际上也属于较大型仪器。特别是在20世纪60年代，国际上人造卫星上天还没几年，制造观察人造卫星的望远镜历史很短，数量也很少，只有少数几个国家能够制造。这台望远镜的研制成功，实现了多年来中国天文工作者希望使用自制的较大型的现代化天文望远镜从事观测与研究的愿望，为我国之后发展天文仪器事业打下了良好的基础。

60厘米中间试验望远镜

60厘米望远镜于1964年1月开始设计制造，到

60厘米中间试验望远镜 Ⓝ

1.2米光学/红外望远镜 Ⓝ

1968 年 8 月完成，并安装在北京天文台兴隆站，我国开始了真正意义上的天体物理观测工作，并取得了很多成果，也锻炼了那个时代的天文学家。

这台 60 厘米望远镜是一台反射望远镜，采用卡塞格林光学系统，主镜口径 60 厘米，建造的初衷是为我国自主研制 2.16 米大型天文望远镜做先导试验，所以正式名称就叫作“60 厘米中间试验望远镜”。自 1975 年以来，科研人员利用这台望远镜开展了脉动变星研究、密近双星研究、超新星巡天观测等天文研究工作，共发现了 37 颗超新星和 6 颗激变变星（包括两颗河外新星），它的名字 51 次出现在国际天文学联合会的《天文学快报》上，与之相关的论文发表有 74 篇，为科研人员发现近距离超新星等工作作出了卓越的贡献。

1.2米光学 / 红外望远镜

20 世纪 70 年代起，红外天文学成为天文学研究的热门学科之一。1981 年，中国科学院下属的紫金山天文台、北京天文台、云南天文台联合南京天文仪器厂，研制了一台 1.2 米光学 / 红外望远镜，这是我国自己设计、自己制造的第一台 1 米级的天文望远镜，也是当时亚洲最大的红外望远镜，还是我国自主研制的望远镜中首次实现计算机自动控制的望远镜。

1.2 米光学 / 红外望远镜光学主镜直径为 1.26 米，标志着我国大型望远镜研制的起步。科学家在它身上做了若干重要的新技术尝试，这些技术尝试及成功，对我国之后的望远镜研制和发展提供了很有价值的参考。1990 年后，该望远镜又进行了计算机操作自动控制的改造，我国自己研制的望远镜成功实现了计算机闭环控制。

文化漫游

著名的空间望远镜

1. 哈勃空间望远镜，以高分辨率的光学和紫外线图像而闻名，对宇宙的许多方面进行了深入研究。
2. 钱德拉X射线天文台，专注于X射线波段的观测，研究高能天体物理过程。
3. 斯皮策空间望远镜，主要进行红外波段的观测，研究恒星和行星系统。
4. 詹姆斯·韦布空间望远镜，是哈勃的继任者，具有更大的口径和更先进的技术，能够观测到宇宙中最早的星系和恒星。

2.16米光学望远镜

现安装在中国科学院国家天文台兴隆观测基地的 2.16 米光学望远镜，是我国自行研制的 2 米级光学望远镜，于 1989 年建成并投入使用。2.16 米望远镜是一台达到国际先进水平的光学望远镜，集光学、机械、电控和自动化等多种先进技术于一体，配备了现代化的焦面仪器。自 1989 年投入使用以来，我国天文学界通过该望远镜的观测，获得了大量重要的天文成果，也使我国的天文观测研究走出了银河系，并由光度测量进入到光谱观测。直至 2008 年，它一直是国内最大也是东南亚地区最大的光学望远镜。

二　大口径光学天文望远镜——新突破

郭守敬望远镜 Ⓥ

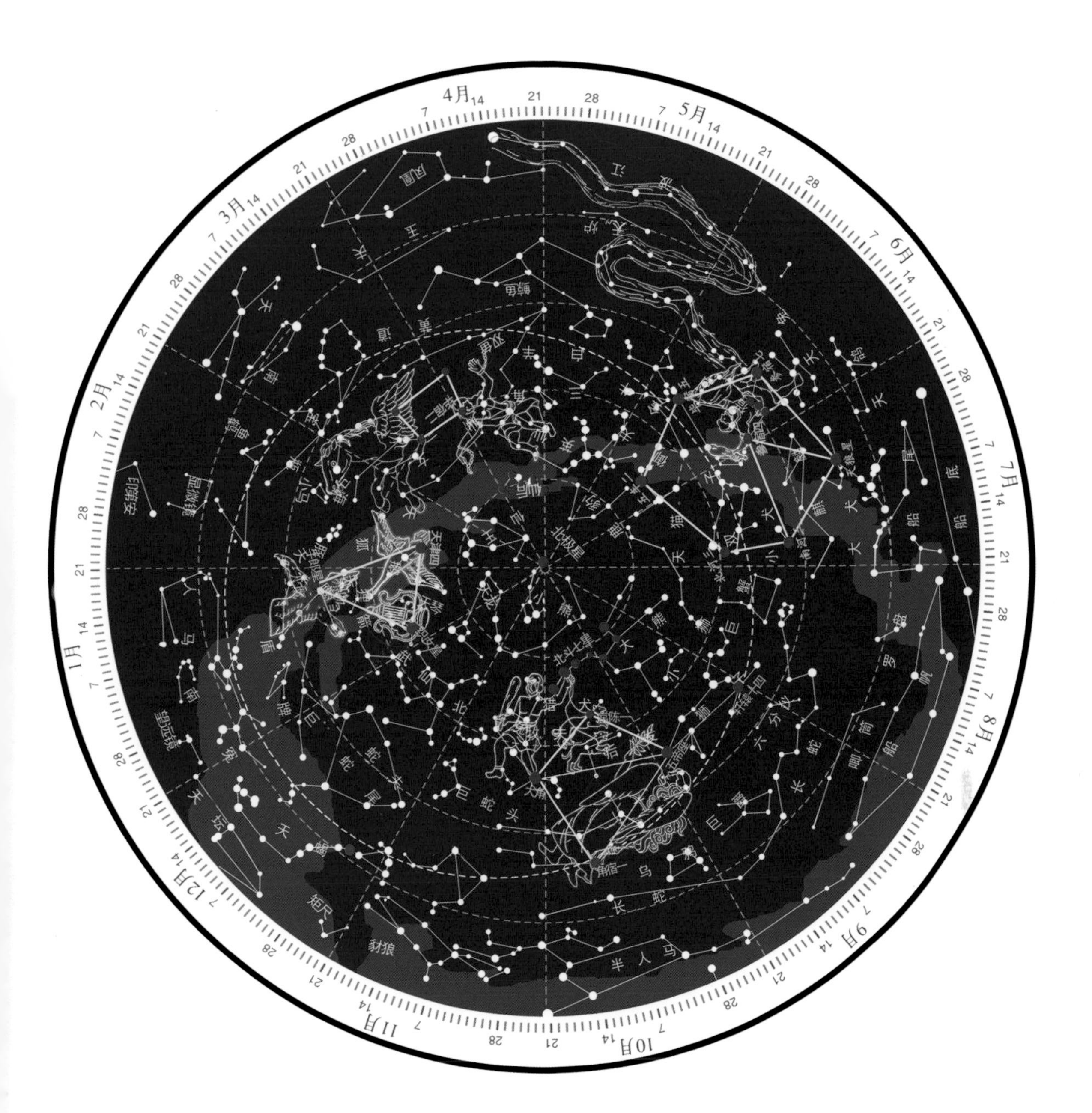

星盘

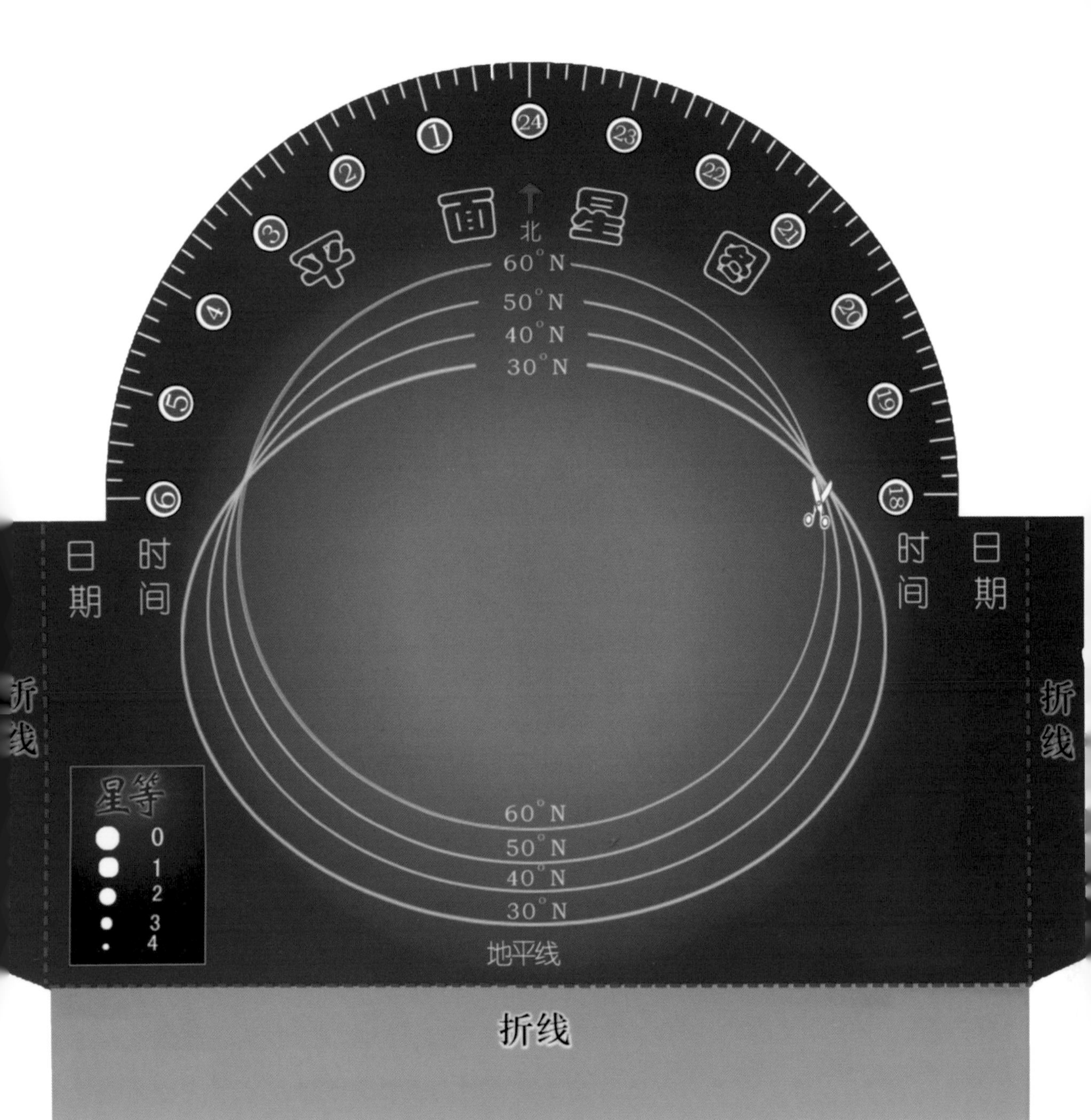

平面星图
北
24
1
2
3
4
5
6
23
22
21
20
19
18
60°N
50°N
40°N
30°N
日期
时间
时间
日期
折线
折线
星等
0
1
2
3
4
60°N
50°N
40°N
30°N
地平线

折线

底面

望远镜的制造史就是创新思维和创新设计的发展史。1948 年，海尔 5 米口径望远镜诞生以后，望远镜的单口径再扩大就成为一个瓶颈。一直到 20 世纪六七十年代，国际上采用薄镜片、拼接镜面、主动光学技术等创新理念，才突破了口径扩大的限制，研制出一批 8—10 米级望远镜，从而大大推动了天文学向宇宙深处的探索。

我国在望远镜领域取得的第一个里程碑式的国际技术突破，是大天区面积多目标光纤光谱天文望远镜，英文名称缩写为 LAMOST，后命名为郭守敬望远镜。

LAMOST 是中国天文学家和光学技术专家在 20 世纪 90 年代发起的一项国家重大项目。该项目启动于 1997 年，完成于 2009 年，LAMOST 安装在国家天文台兴隆观测基地。LAMOST 是中国天文望远镜制造史上第一个完全由中国自主研发、具有创新性设计的大型光学望远镜，它突破了国际上长期以来研制大口径望远镜的同时难以兼顾大视场的技术瓶颈，达到了国际同类望远镜的领先水平。

近百年来，天文光谱测量技术的效率一直很低，原因有二：一方面，遥远的星光本就暗弱，再经过光谱分光之后，光流量就更少了，所以需要大口径望远镜；另一方面，普通结构的望远镜视场小，同一时间只能观测一个天体目标的光谱，所以需要大视场（一次观测多个目标）。光谱观测需要大口径兼大视场的望远镜才能提

光谱

太阳光是多种颜色混合而成的复色光，当阳光通过三棱镜（或雨后水滴）折射后，会形成由红、橙、黄、绿、蓝、靛、紫顺次连续分布的彩色光带。

宇宙射来的星光也是复色光，其中也含有各种波长（或频率）的光线，这些光也能被棱镜（或光栅等）分光，色散成按单色光线波长（或频率）大小依次排列的图案，这就是光学频谱，简称光谱。研究不同物质发出光的光谱特点，就可能了解物质内部结构和外部状态。

高效率，而这是一个通过创新才能解决的问题。

为了解决大口径不能同时兼顾大视场的矛盾，项目倡导者王绶琯院士和光学专家们认真分析国际天文光学测量工作：一方面，天文观测需要越来越大口径的望远镜（8—10米级），研制、生产投入巨大，不适合我国当时的国力；另一方面，光谱观测需要相对大口径（4—6米级）但匹配大视场的望远镜，我国国力可以承担，但设计技术需要创新。科学家们经过反复讨论、分析后提出，我国可以研制一台大口径兼大视场的望远镜，在“大规模天体光谱测量”这一天文学发展方向上发挥我们的专长。这是一个我国当时经济实力可以负担得起、又能够让我们和其他国家站在同一起跑线上进行竞赛的项目。经过多次反复的

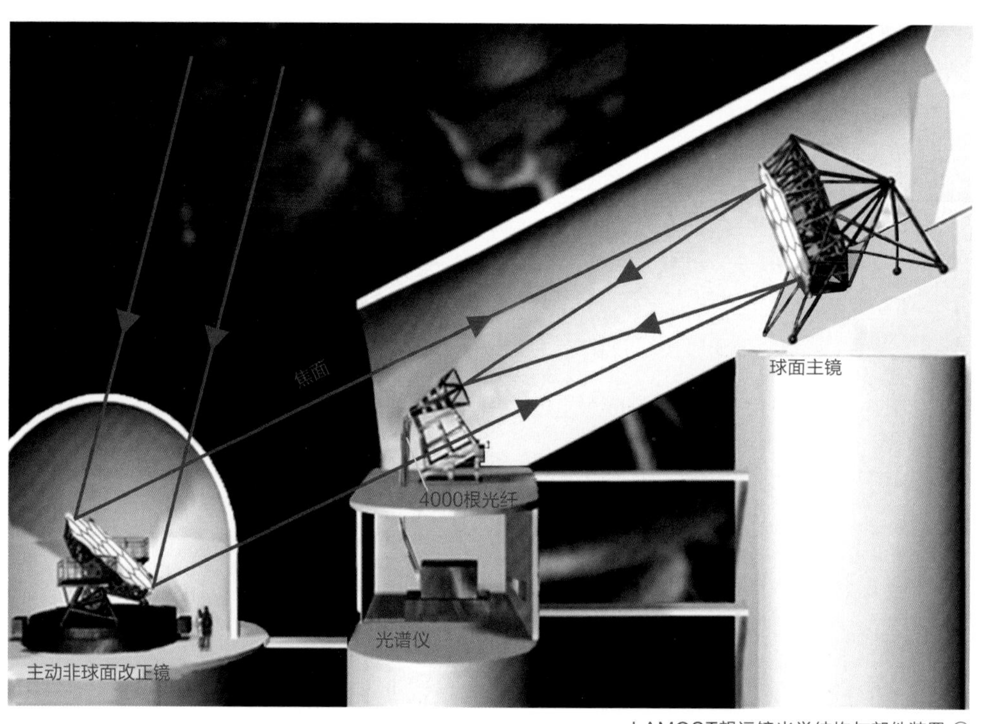

LAMOST望远镜光学结构与部件装置 Ⓝ

设计修改、数据分析、原理论证等，LAMOST 项目最终于 1997 年获得国家批准立项，并于 2009 年成功建设完成。

LAMOST 望远镜是一台反射施密特望远镜，外形独特而雄伟。三个柱形建筑合力承载着望远镜的三个主要部分——主镜、焦平面和改正镜。这种设计——三个部分分别安装在三个分体建筑里，使得庞大而沉重的各部分装置都得以在基座上固定，较之通常的望远镜（三部分由框架联系在一起），在加工、安装和控制上都容易得多，造价也低得多。而且，这三部分虽然分体，但可以在计算机控制下，光路准确、运动协调地完成对选定多天体目标（4000 个）的同时观测！ LAMOST 望远镜的通光口径做到了 4—6 米（大口径），焦距为 20 米（长焦），视场 5°（大视场），从而达到了大口径兼大视场的观测需求，这是当时世界上同级别口径望远镜望尘莫及的。

LAMOST 望远镜大视场里一次可以观测 4000 个目标，每一个目标由一根光纤引导。这 4000 根光纤就排列在直径 1.75 米的焦平面上。望远镜具有光纤自动定位系统，由计算机按星表位置在几分钟内控制 4000 根光纤精确指向目标。这项技术的成功实施，使 LAMOST 成为当时世界上光谱获取率最高的望远镜。

LAMOST 建成以后，备受中外天文仪器制造专家的

科学思维
科学方法

创造性思维

LAMOST突破了国际上长期以来在研制大口径望远镜的同时难以兼顾大视场的技术瓶颈，充分发挥了我国天文学家的创造性思维。创造性思维是指突破常规和传统，以超常规甚至反常规的方式去思考问题，综合和灵活地运用各种知识，提出与众不同的解决方法，获得新颖独创的成果。创造性思维主要有发散思维、想象思维、重组思维、突破定势、臻美思维、直觉思维等。科学技术研究中的重大突破往往和创造性思维密不可分。

瞩目。一般的光学望远镜口径越大视场越小，全世界10多架著名望远镜中，只有中国的LAMOST做到了既有大口径又有大视场。LAMOST的新颖构思、巧妙设计和建造成功，不仅突破了传统光学望远镜的瓶颈，也把我国望远镜研制水平推进到世界前沿，是我国光学望远镜研制过程中的又一里程碑。LAMOST使我国在大规模光学光谱观测和大视场天文学研究方面居于国际领先地位，至今已发布2200多万条光谱数据，连续多年位居世界第一，对我国空间探测等高技术领域发展起到了显著的推动作用，并为世界天文学研究的发展作出了独特的贡献。

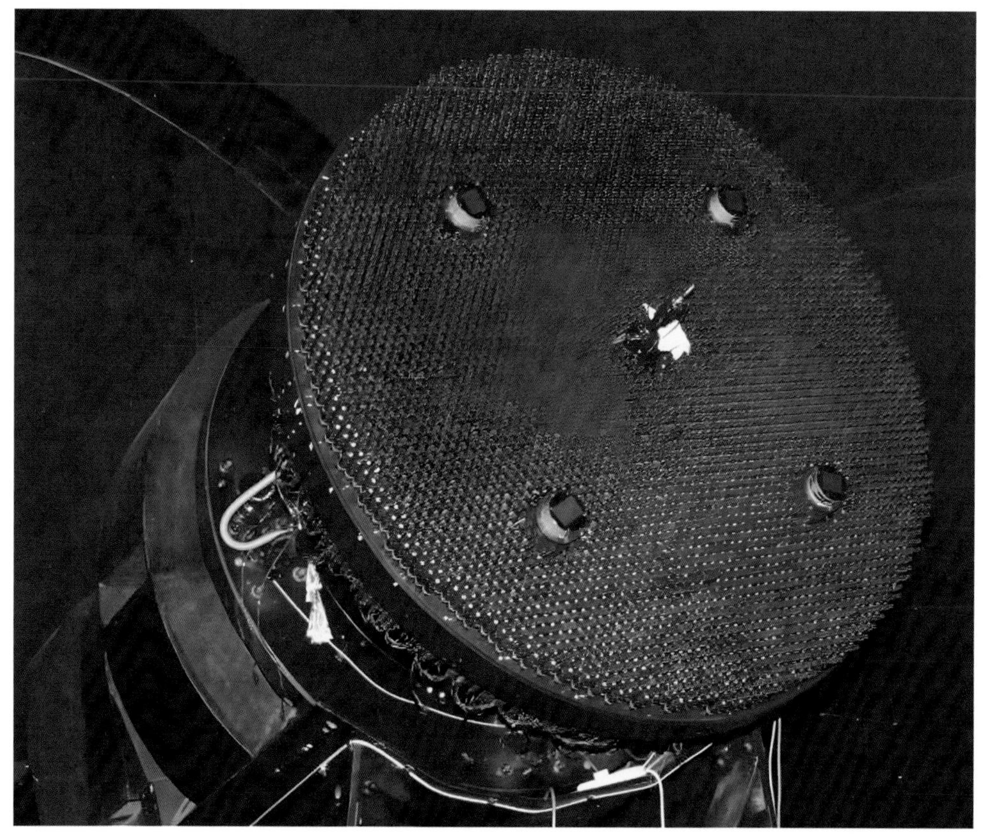

LAMOST的焦平面（直径1.75米）外形 Ⓝ

中国现代天体物理学奠基人——**王绶琯**

王绶琯 Ⓟ

王绶琯（1923—2021年），中国科学院院士，中国天体物理研究的奠基人之一，中国射电天文研究的开创者。王绶琯的职业生涯始于航海和造船，后来转向天文学研究，并在英国伦敦大学天文台开始了他的天文学研究工作。1953年回国后，他先后就职于中国科学院紫金山天文台、上海徐家汇观象台、北京天文台等科研单位，为中国的天文学研究和教育作出了巨大贡献。

王绶琯在现代天体物理研究方面取得了显著成就：他开创了中国的射电天文学观测研究工作，提高了中国授时讯号精度，推动了天体测量学的发展，并研制出多种射电天文设备。

20世纪80年代，国际天文界有很多研制新一代望远镜的大型计划。中国要发展自己的天文事业，也需要研制自己的大型天文仪器。但那时中国国力还不强，财力有限。怎样才能在国际群雄争霸的情况下异军突起，让中国的天文研究尽快赶超世界水平而不是总跟随在别人后面，是中国天文学家面临的挑战。王绶琯院士站在中国天文学发展的战略高度，根据我国20世纪90年代的国力，提出了制造一台能在世界竞争中占有一席之地的、大口径兼顾大视场的、做大面积光谱巡天观测的望远镜（即后来的LAMOST）的基本方案，被国家采纳，列为重大科学工程。2009年，LAMOST由崔向群等带领技术团队建成，成为中国光学天文学研究的最主要平台。

1993年，国际编号为3171号的小行星被命名为“王绶琯星”。

三　大口径射电望远镜——大创意

在世界最大单口径球面射电望远镜FAST下 Ⓥ

500米口径球面射电望远镜安装在贵州省平塘县，2016年竣工，是我国完全具有自主知识产权，口径、灵敏度及综合性能指标都在国际上领先的“大国重器”。

在近代天文学研究方面，无论在理论上还是技术上，我国的起步都晚于欧美发达国家。特别是在天文技术研究方面，20世纪80年代前，中国几乎没有自主知识产权的大型专业天文望远镜。那时候我国的国力也很有限，无力研制大规模的天文科学仪器。

20世纪80年代前后，我国先后派出大批科研技术人员到西方发达国家进行学术交流，参与国际大型科学工程项目，学习经验，培养人才。1993年，中国联合其他九个国家，在国际无线电科学联合会大会上提出了建造下一代大射电望远镜（英文名简称LT）的倡议，为21世纪国际射电天文学的持续发展开辟道路。中国科学家在积极参与LT的工作过程中，于1994年提出在中国建立一台500米口径球面射电望远镜（英文名简称FAST）的计划。

FAST是一个大胆的创意，也是一项巨大的挑战。首先，中国此前并没有建造大口径射电望远镜的经验；其次，它的500米口径，比当时世界上最大的单口径射电望远镜（美国阿雷西博射电望远镜，口径305米）的口径还要大近200米。建造FAST不是简单的增大口径的问题，因为口径增大意味着重量急剧增加，由此而产

科学概念

射电望远镜

射电望远镜是一种专门用来接收和测量天体发出的射电波的仪器。射电波是电磁波谱中波长较长的一部分，波长通常在毫米到数十米的范围内。

射电望远镜可以是单一的大口径天线，也可以是由多个小天线组成的阵列，如射电干涉阵列。射电干涉阵列通过相干处理多个天线接收到的信号，可以显著提高分辨率，实现更精细的观测。

FAST的圈梁结构 ©

生的加工、支撑、运行、控制等方方面面的难度都直线上升，采用传统方法建造肯定行不通，必须在设计上采用创新思路，在技术上采用创新应用。

在带头人南仁东的带领下，中国科学家就 FAST 项目实施问题开始全方位的讨论、分析、预研、攻关，对一些主要关键技术指标进行反复的论证和实验。经过 13 年的刻苦钻研，科学家团队取得了令人信服的分析数据和预研成果，提出了内容翔实的预研数据和全面完整的建设方案。

FAST 的主体建设，每一部分都是创新技术的体现：

500 米口径球冠状的大反射面（俗称大锅）、FAST 主体（大反射面）的支撑（大锅的底座），是一圈钢结构的圈梁，依山而建。因为圈梁上要挂索网，索网上铺设主反射面板，所以圈梁是望远镜主体的挂靠支撑结构。

FAST 索网系统是特制的钢索结构，由 6670 根主索编织成的三角形网眼结构、2225 根下拉索和 4450 个反射单元球冠型索膜结构共同组成，是挂在圈梁上的一个巨大的智能“网兜”，首要作用是兜住由 4450 个单元块拼接起来的 500 米直径的主反射面板。

这个“网兜”是智能的，除了兜住反射面板，它的每一根索单元还受计算机控制，使其托住其上的反射面板单元块，并协同作用，拖拽 500 米直径的大反射面按照观测要求同步动作并变换形状。所以 FAST 这个智能大“网兜”既是主反射面的支撑结构，又是牵引控制反射面动作和变换形状的关键，也是 FAST 工程项目中的主要技术难点之一。FAST 索网跨度之大、控制精度之高，目前都是世界之最。FAST 采用了世界上第一个通过索网控制改变主反射面面形的创新技术，对我国大跨度结构的工程建造也具有指导意义。

让大反射面动起来的关键，是藏在反射面和索网下面的 2225 根促动器。FAST 主反射面由 4450 个三角形单元块拼接组成。单元块互相勾连的每一个节点，都通过下拉索连接到一个液压促动器上。促动器对索网和单元块节点施以不同的拉力，进而带动每个面板单元块改变位置和姿态，实现全网（全部反射面）一起联动，满足望远镜工作所需要的面形。

FAST 设计了两种工作模式。一种是阿雷西博式射

趣味坊

射电望远镜有辐射吗?

看到巨大的射电望远镜，想到它的名字中有一个“射”字，很多人就担心它会不会造成辐射危害。事实上，射电望远镜只是一种接收设备，它的得名是因为它的观测对象名为“射电源”且能发出无线电波（天文学上常称为“射电波”）的天体。不仅如此，由于这些天体发出的辐射极其微弱，为了捕捉它们，射电望远镜还要求周边地区严格控制人为的无线电干扰。

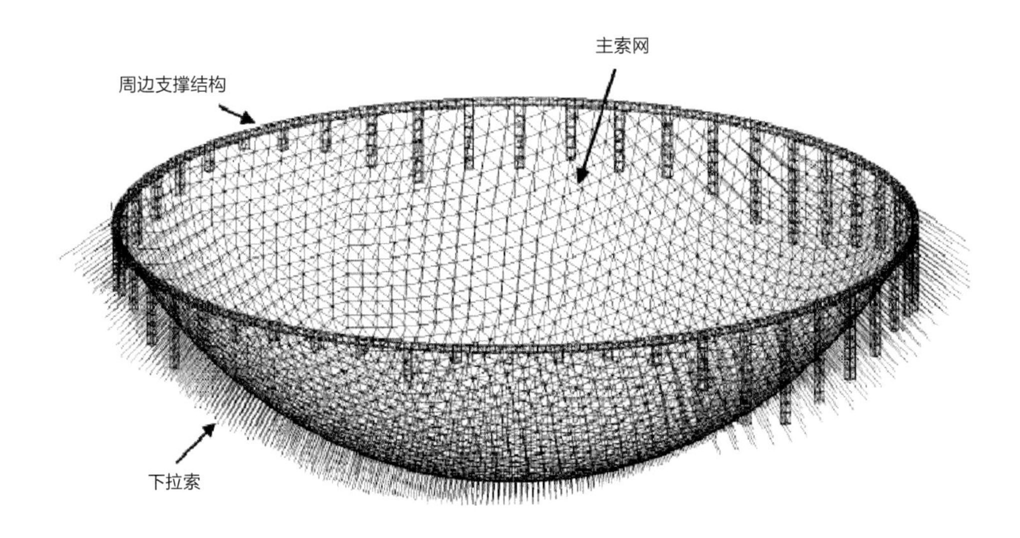

索网系统示意图 ©

电望远镜的工作模式，即工作时主反射面不动，馈源（望远镜用来接收信号的装置系统）可以在焦点处小范围移动，这样观测的天区仅限于天顶附近，所以使用效率比较低。另一种模式是把 500 米口径中的 300 米范围变形为抛物面，并可沿 500 米镜面移动，这样就可以作为一个 300 米口径全转动抛物面射电望远镜使用,达到一镜两用的效果。FAST 的这种静态 500 米口径(目前世界最大)、动态旋转 300 米口径（目前也是世界最大）的工作模式，大大提高了 FAST 的使用效率，拓展了观测方式，是目前世界上其他大大小小的射电望远镜都不具备的功能。直至目前，这项技术创新在国际天文界也是独一无二的。

FAST 接收的波段从厘米到米，覆盖了射电波段的很大部分，需要不止一个接收器。FAST 有七套接收装置，这些接收装置全部安置在一个专门设计的馈源舱里。馈源舱不可能悬空，必须有支撑结构，需要有驱动和控制系统把握它的动向。FAST 的馈源舱由主反射面外侧六座钢塔连接的六根柔性钢索悬吊在主反射面上方。这是专门为馈源舱的运动和定位设计的六索联动的驱动控制系统，可以根据不同工作情况采用相应的控制策略。FAST 柔索驱动系统是目前世界上在建的最大的绳牵引并联机构，也是 FAST 工程的三大自主创新技术之一。此项成果已经在我国港珠澳大桥等新型大跨度桥梁建设中得到推广应用。

从 1994 年设想提出到 2016 年建成,FAST 历时 22 年，凝聚了中国几代科学家的努力和奉献，成为世界上新一代的单口径射电望远镜之最，实现了中国科学家赶超世界水平的梦想。FAST 不仅在尺寸规模上创造了单口径射电望远镜的新世界纪录，而且在灵敏度和综合性能上也登上了世界巅峰。FAST 的综合指标远超典型全转动射电望远镜（德国的埃菲尔斯伯格望远镜）和之前国际最大单口径射电望远镜（美国的阿雷西博望远镜），以及 2000 年投入使用的全转向射电望远镜（美国的绿岸望远镜），已成为目前世界上综合性能最好的单口径射电望远镜。

国际科学界非常关注 FAST 项目,重要的学术期刊《科学》杂志曾多次报道 FAST 进展,《自然》杂志则把 FAST 的落成列为 2016 年对全球产生重大影响的科学事件。

FAST 的建成意义重大。首先，FAST 有七套接收装置，覆盖的波段宽，可观测到的天体数目骤然增多，这里面就包括那些更远、更暗的天体，从而为科学家提供

趣味坊

FAST的另一重解读

“中国天眼”的英文缩写为FAST，fast在英文中的含义是“快”，这是南仁东为天眼刻意构想的名字，其寓意“快”正是他的行事风格写照，也是FAST团队一直奉行的宗旨：“快速行动”并“弯道超车”，去追赶世界先进的大科学装置，建设独立自主的中国高科技设施。南仁东曾对他的助理说：“中国高铁简称FAST-train是中国速度的标志，那么中国天眼FAST-telescope就是中国科技追赶的象征，这一切都是中国推动全球高速转换新时代FAST-transition的名片，所以天眼无愧于中国FAST-3T，与国家一起突围并崛起，和中国一起进入全球化‘一带一路’的新时代。”

了更多、更好的宇宙天体统计样本，更可靠地检验和验证现代物理学和天文学的理论和模型。其次，利用FAST的观测数据，可以进行更广泛领域的天文学研究，例如宇宙初始混沌、宇宙大尺度结构、星系与银河系的演化、恒星类天体、暗物质、暗能量、太阳系行星、星际空间事件、地外文明信号探索等。此外，FAST还是发现脉冲星的利器，2016年落成当年就发现了几十颗脉冲星，截至2024年11月，已发现脉冲星的数量突破1000颗，是同一时期国际上所有其他望远镜发现脉冲星总数的3倍多。

馈源支撑塔及六索联动控制系统（合成图片）©

“中国天眼”的奠基人——南仁东

南仁东 Ⓟ

南仁东（1945—2017年），中国科学院国家天文台研究员，人民科学家，国家重大科技基础设施500米口径球面射电望远镜工程首席科学家兼总工程师，主要研究领域为射电天体物理学和射电天文技术与方法。

1994年FAST项目立项之后，南仁东一直负责FAST的选址、预研究、可行性研究、立项及工程建设工作。他指导了国家重点基础研究发展计划（973）项目“射电波段的前沿天体物理课题及FAST早期科学研究”的实施，确立了FAST实现世界首个漂移扫描多科学目标同时巡天的原创科学策略，提出了调试阶段全波段监测蟹状星云脉冲星的优先观测计划，建议了用于望远镜调整期及早期试观测的单波束和多波束接收机等。2014年，FAST反射面单元即将吊装，南仁东亲自进行“小飞人”载人试验。2015年南仁东已罹患肺癌，依然带病坚持工作，长期驻守FAST工程现场，只为亲眼见证自己耗费22年心血的大科学工程的最终落成，实现中国几代科学家的梦想！2016年9月25日，500米口径球面射电望远镜工程在贵州省平塘县的喀斯特洼坑中落成，开始接收来自宇宙深处的电磁波。

南仁东为我国天文事业作出了杰出贡献，被誉为“逝世的十位国家脊梁”“中国天眼主要发起者和奠基人”，被授予“改革先锋”“时代楷模”“人民科学家”等国家荣誉称号。2018年10月15日，国际永久编号为79694号的小行星被命名为“南仁东星”。

四 离开地球进行观测——高跨越

中国巡天空间望远镜艺术图 Ⓥ

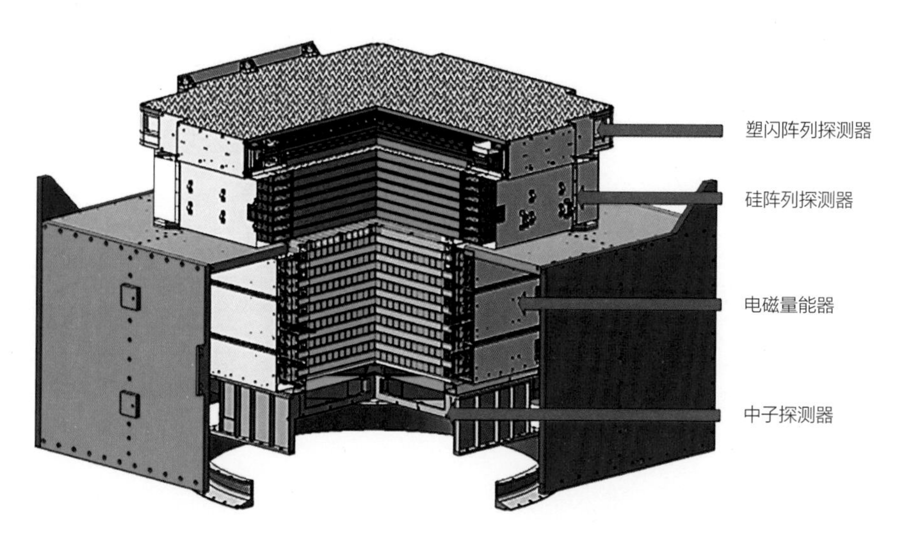

"悟空号"搭载的仪器 ©

"悟空号"

"悟空号"是我国第一颗天文探测卫星，也是中国科学院"空间科学先导专项"的首发星，质量约1410千克，于2015年12月17日发射升空，在太阳同步轨道运行。"悟空号"的核心使命是在太空开展高能电子及高能伽马射线探测任务，探寻宇宙中存在暗物质粒子的证据，研究暗物质特性与空间分布规律，研究宇宙射线的起源。迄今为止，"悟空号"是世界上观测能量段范围最宽、能量分辨率最优的暗物质粒子探测卫星，它将中国的暗物质探测能力提升到了一个全新的高度。

"悟空号"原计划运行3年，目前已多次延期服役。截至2023年，"悟空号"已经收集了超过70亿个粒子的信息，绘制出迄今为止最准确的高能氦核宇宙线能谱，并观测到该能谱的新结构。目前，仍在超期服役的"悟

科学概念

暗物质

暗物质是由天文观测推断应该存在的一种具有引力效应、却无法用任何已知探测技术进行检测的神秘物质。暗物质可能有两类：一类称为"弱作用重粒子"，它们在某些方面类似中微子，但质量却比质子大；另一类称为"晕族大质量致密天体"，它们分布在星系晕中，是一些极暗弱的天体。

空号”工作状态依然良好，正在持续积累数据，未来将陆续发表更多的观测成果，为宇宙线物理这一学科发展作出新的贡献。

“慧眼号”

空间天文望远镜就是由卫星搭载、运行在太空中的望远镜。地球大气层对来自宇宙的高能辐射（如X射线、伽马射线等）是一道屏障，也就是说，对生命产生伤害的高能射线不能直接穿透大气层到达地面。科学家为了探测这些射线的信息，必须把望远镜搭载在卫星上送入太空。借助卫星上的望远镜，科学

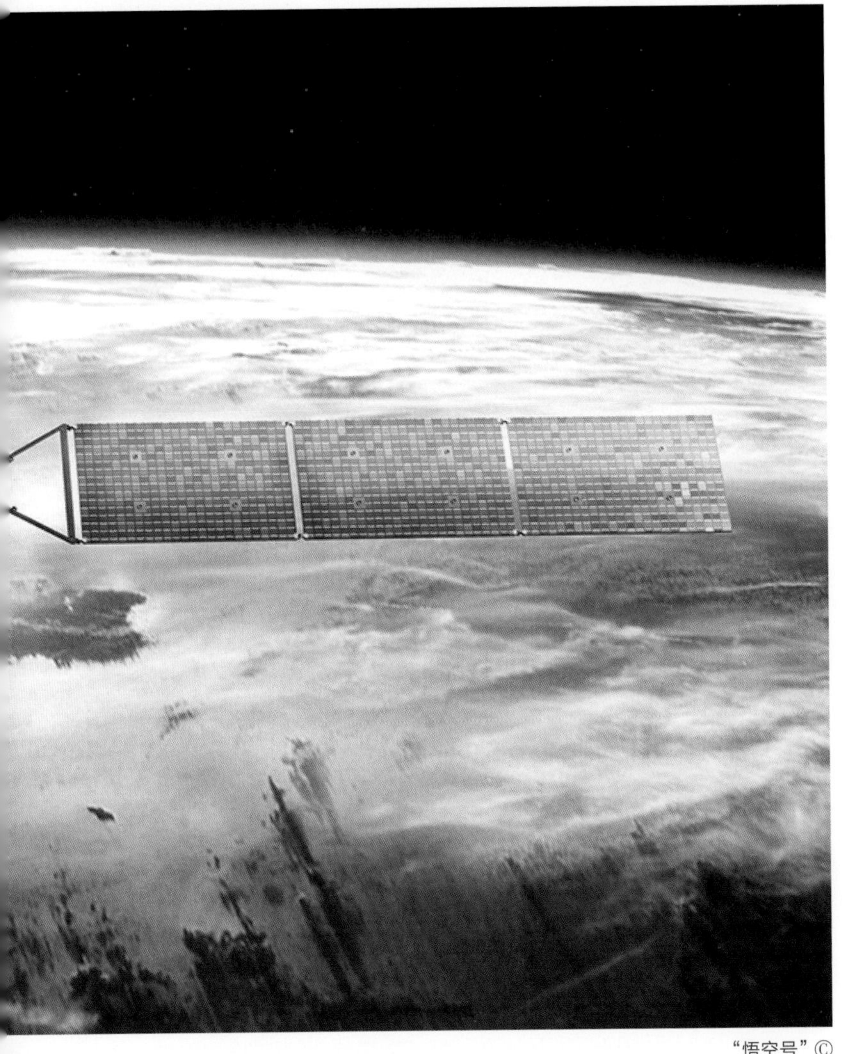
"悟空号"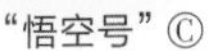

科学概念

空间科学先导专项

空间科学先导专项是中国"创新2020"的重要组成部分，总目标是在最具优势和最具重大科学发现潜力的科学热点领域，通过自主和国际合作科学卫星计划，实现科学上的重大创新突破，带动相关高技术的跨越式发展，发挥空间科学在国家发展中的重要战略作用。

家就可以探测到远在几万光年外的黑洞、中子星、脉冲星等天体辐射来的高能射线。

"慧眼号"是一颗硬X射线调制望远镜卫星，搭载我国第一台空间X射线天文望远镜。"慧眼号"的设计寿命为4年，总质量2500千克，运行在高度为550千米的近地圆形轨道上。卫星搭载了高能、中能、低能X射线望远镜和空间环境监测仪共4种有效载荷，具有大天区巡天扫描观测和高精度的定点观测能力，可观测天

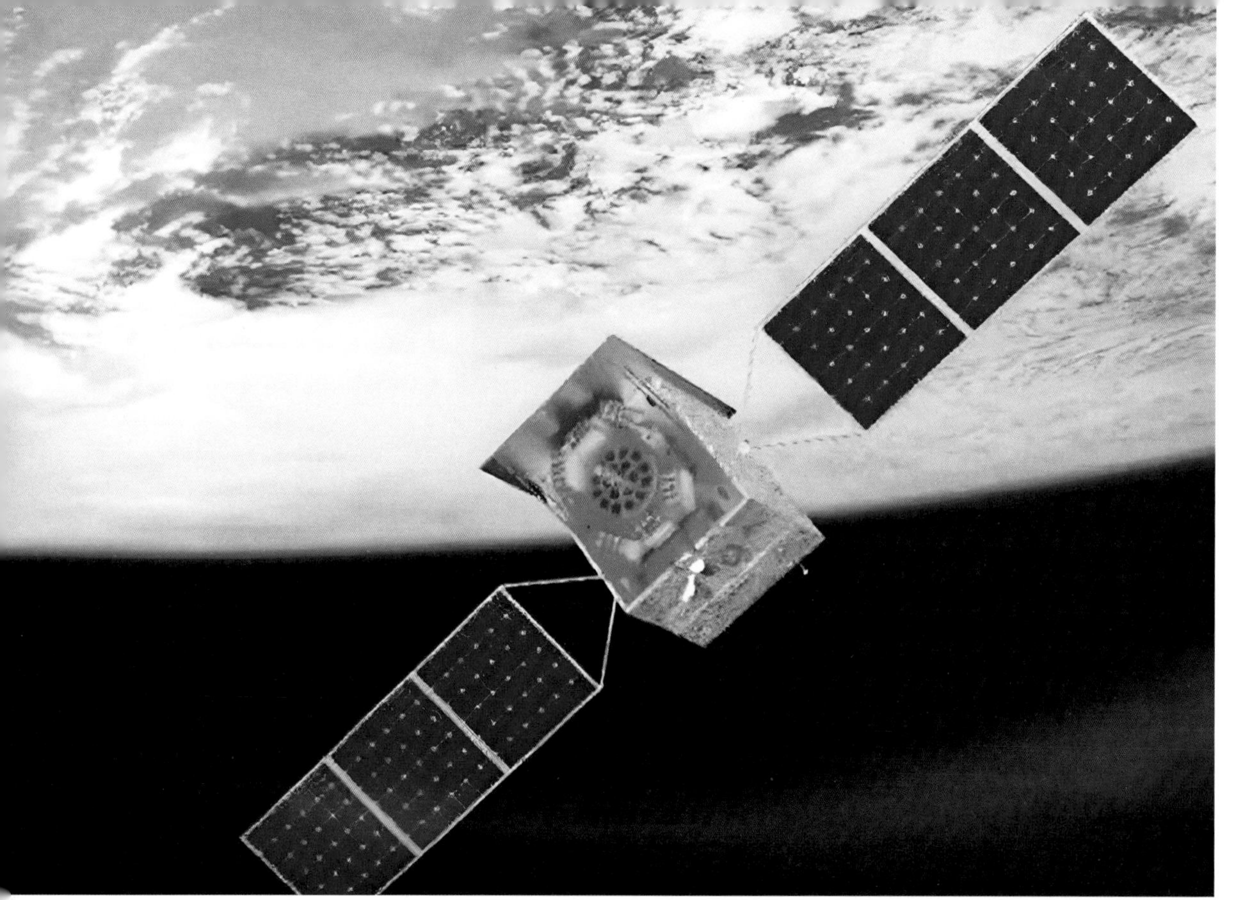

"慧眼号"©

体的高、中、低能 X 射线，以及软伽马射线爆发等现象。

2017 年 10 月 16 日，"慧眼号"与国际引力波天文台等多个科研单位同时发布了一项科学新闻：引力波天文台接收到宇宙深处的一次剧烈爆发信息——两个中子星相互绕转、撞在一起；"慧眼号"的空间望远镜接收到了爆发所释放的高能射线。这是一次创纪录的全球空间和地面望远镜的大联测，也是"慧眼号"的第一个科学成果。迄今"慧眼号"已经取得了多项重要成果，发现了以前从未看到过的新现象，挑战或验证了现有理论模型，为人类理解黑洞和中子星系统提供了新的线索。

"羲和号"

2021 年 10 月，我国发射了首颗太阳探测科学技术试验卫星"羲和号"。"羲和号"总质量 508 千克，运行于高度为 517 千米的太阳同步轨道上，主要科学载荷为太阳空间望远镜。自20世纪60年代以来，全世界已发射了70多颗太阳观测卫星，主要进行太阳黑子、耀斑和日冕物质抛射等方面的观测研究。“羲和号”当前的主要研究方向是对太阳结构、磁场、黑子、耀斑、太阳大气等进行综合观测和抵近观测，“羲和号”的空间探测成果，将填补太阳爆发源区高质量观测数据的空白，对提高我国的太阳物理领域的研究能力和空间科学探测及卫星技术发展等方面都具有重要意义。

趣味坊

宇宙三“洞”

关心宇宙的人，多半听说过黑洞、白洞和虫洞。这种“洞”都是从高深莫测的数学理论中推导出来的。黑洞的特点是“只进不出”，白洞的特点是“只出不进”，虫洞则是连接任意两处的“时空通道”。三类“洞”都充满了神秘色彩，但是在现实世界中，只有黑洞已被证实是真实存在的，白洞和虫洞目前还只能算是数学游戏而已。

“夸父一号”

“夸父一号”是一个先进的天基(轨道)太阳天文台，即一颗综合性太阳探测专用卫星，由我国太阳物理学家自主研制，2022年10月9日发射升空，以太阳活动第25周峰年(太阳活动有11年的周期，自19世纪科学家

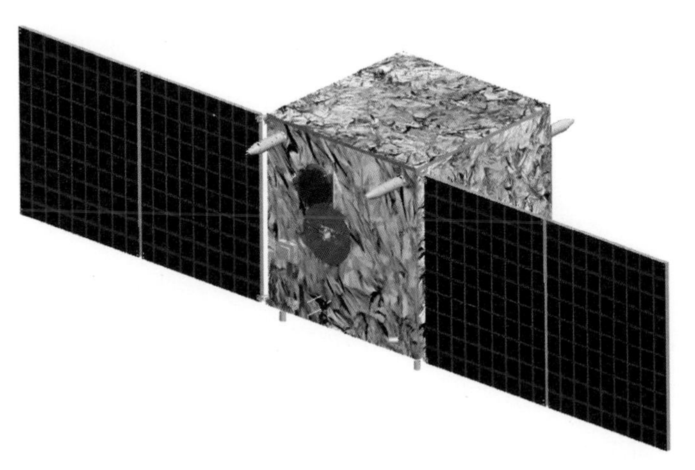

“羲和号”©

“夸父一号”模型 ©

开始记录太阳活动周期以来，现在来到第 25 个周期）作为契机，实现我国综合性太阳卫星探测零的突破。

目前，我国科学家在太阳物理研究方面所用的绝大部分观测数据来自国际上的太阳卫星，“夸父一号”取得的第一手空间数据，将会支持中国科学家取得太阳物理研究的原创性重大成果。“夸父一号”的科学目标简单说是“一磁两暴”。“一磁”指的是太阳磁场，“两暴”指的是太阳耀斑和日冕物质抛射，这是太阳上两类最剧烈的爆发现象。研究这些太阳物理现象不仅能够帮助科学家认识太阳活动的本质和演化规律，还能够帮助科学家对日地空间天气预报提供重要的理论依据。“夸父一号”卫星搭载的太阳望远镜能探测到日冕物质抛射的规模、方向、速度等参数，为科学家预报灾害性空间天气事件提供预警信息。2022 年 12 月 13 日，中国科学院国家空间科学中心公布了“夸父一号”的首批科学图像。2023 年，中国“夸父一号”观测数据向全球开放，与国际天文物理界实现了数据共享。

“天关”卫星 ©

X射线天文卫星——“爱因斯坦探针”

“爱因斯坦探针”（简称EP）卫星是一颗面向时域天文学和高能天体物理研究的科学探测卫星，又名“天关”卫星。它携带一台小型X射线望远镜，2024年1月发射升空。目标是开展深度的大视场软X射线全天监测，捕捉超新星爆发出的第一缕光，搜寻和精确定位引力波源，发现宇宙中更遥远、更暗弱的天体和转瞬即逝的神秘天象。

“天关”卫星携带的望远镜主要是在软X射线波段实施探测。截至2024年9月，“天关”卫星以其卓越的X射线探测能力，成功探测到60例确定的暂现天体、上千例暂现天体候选体以及480多例恒星耀发，探测到上百例已知天体的爆发，成功获取由中国自主研制设备观测到的首张全天X射线天图，标志着X射线时域天文学研究进入新的时代。

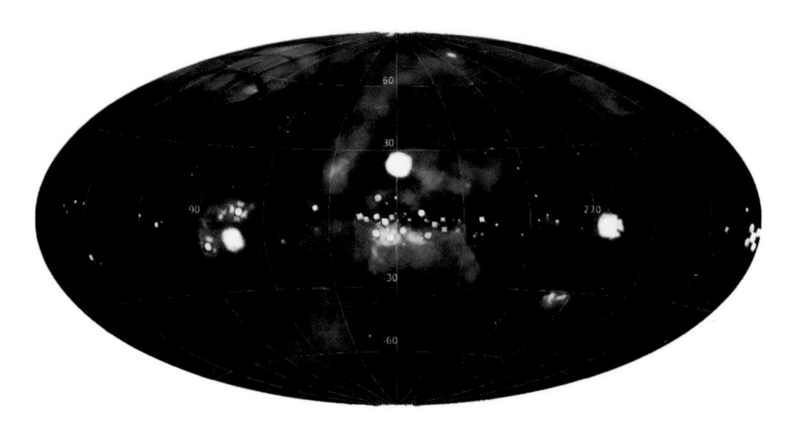

“天关”卫星获取的世界首个X射线全天天图 ©

中国巡天空间望远镜

中国巡天空间望远镜（简称CSST)是我国载人空间站旗舰级项目，计划于2026年前后发射。这个望远镜是载人航天工程的一部分，它将和空间站在同一个轨道上运行（共轨飞行）；但同时它又是一个独立的望远镜，不连接在空间站上，需要时再与空间站连接进行在轨的维修或升级。

CSST设计口径为2米，虽然口径与哈勃望远镜（口径2.4米）差不多大小，但因为采用了最新的技术，视场达到了哈勃望远镜的300倍，兼具大视场、宽波段、高像质的优异性能，是我国迄今为止规模最大、指标最先进的空间天文基础设备，也将是未来十年国际上最重要的空间天文观测仪器之一。CSST的科学任务包括：进行大面积、高分辨率的多色成像与无缝光谱巡天观测（普查)，对遴选天体/天区开展精细研究（详查)，可望在宇宙学、星系形成与演化、银河系与恒星科学、系外行星科学等前沿方向上取得重大突破。CSST同时也致力于成为一个面向国际开放的、专门服务于天文学及物理学研究的空间天文台。CSST将是21世纪30年代国际上唯一的一台大口径近紫外/可见光空间天文望远镜，兼具大视场巡天和精细观测能力，将在“两暗一黑三起源”（暗物质、暗能量、黑洞、宇宙起源、天体起源、生命起源）等方面开展前沿研究，加深人类对宇宙根本问题的认知。

我国加入SKA国际计划的“天籁”实验射电干涉阵列 ©

平方千米阵列（SKA）国际计划

平方千米阵列（简称 SKA）是 20 世纪 90 年代初，我国与世界上其他九个国家的天文学家共同发起的建造下一代大射电望远镜倡议的主体项目，计划在约 3000 千米范围内，建立由 2500 面 15 米口径的碟形天线、超过 100 万个低频天线等单元组成的阵列式射电望远镜。中国是 SKA 的创始国和坚定支持者之一，也是国际 SKA 概念发展最积极的推动者之一。中国的 SKA 方案（后来发展出 FAST）多年来一直是国际 SKA 的先导方案。

SKA 是我国参加的首个从项目酝酿、发起、国际组织创建、基本规则制定，一直到项目管理和建设均全程参与并扮演重要角色的国际大科学工程，也是我国目前参加的继 ITER（俗称的“人造太阳”计划）之后的第二大国际大科学工程。

至 2019 年，SKA 已经发展成为超过 15 个国家的国际天文台公约组织。2021 年，SKA 天文台（简称 SKAO）启动，中国是 SKAO 核心成员之一。SKAO 的目标是建设、

科学概念

时域天文学

时域天文学的主要工作是使用高时间分辨率的观测方法，发现和探究宇宙中那些极端的、罕见的、爆发性的天文现象，例如新星、超新星、引力波事件、致密天体、伽马暴、各种时间尺度的恒星爆发以及太阳系外行星等，从而使我们对宇宙的发展变化了解得更加深入和细致。未来10至20年，时域天文学将成为国际天文学引领性、“金矿”型的重大前沿科学领域。

运营、管理世界上规模最大的射电望远镜SKA。SKA将成为我们这颗星球上迄今为止规模最大的一套科学设施，将与韦布空间望远镜、下一代巨型光学望远镜、欧洲核子中心的强子对撞机LHC、引力波天文台LIGO及国际热核聚变实验ITER等一起，成为人类21世纪进行物理学重大发现的“神器”，开启射电天文学的新时代。

“司天工程”望远镜阵列计划

天文学发展的持久动力来自观测，特别是突破性的新发现。近年来，现代天文观测的已经不再停留在获得天体目标的静态数据上，而是发展到快速获得和跟踪目标的动态数据上，天文学进入了一个崭新的前沿领域——时域天文学。

SKA示意图 ©

目前，国际上正在开展或计划实施一系列极有影响力的时域巡天项目。我国天文学家也面向时域天文学提出了大基础设施——“司天工程”望远镜阵列计划的设想，目标就是进行大天区、高频率的深度巡天，一旦抓到一个突发天体爆发事件，马上快速反应，跟踪进行光谱观测。“司天工程”计划在全球布置50架（视场为25平方度）1米望远镜，满足对天顶附近上万度的天区每30分钟观测一次的要求，每次曝光达到21等，并且3个颜色同时成像。这样既能获取更多信息，又能快速辨别有变化的源，去伪存真。

趣味坊

短暂可见的遥远闪光

肉眼能看到的单颗恒星理应在银河系内，但是特殊情况下，河外星系中单颗恒星的爆发性发光也能被我们看到。例如，1987年爆发于大麦哲伦星云的超新星SN1987A，距离地球16.8万光年，最亮视星等达到3等。2008年3月19日的γ射线暴源GRB080319B，视星等最亮时达5.8等，距离地球约75亿光年！大大刷新了肉眼可见最远天体的纪录。不过，理论上其肉眼可见的时间仅持续了半分钟，很可能没有人真正用肉眼看到过它。

即将建设的位于中国国家天文台青海冷湖天文观测基地的司天阵畅想图 Ⓝ

“司天工程”是以小拼大的多镜系统，即用很多望远镜建立一个阵列（司天阵），其中每一个望远镜负责一小块天区，这样可以用很高的频率反复地观测（类似相机一样监视）这一小块天区里面天体的实地动态变化信息。司天阵可以发现快速变化的源，并及时抓住它。除了发现突发信息，阵列里也配备快速响应的更大口径的望远镜，配合光谱仪，可以及时进行光谱认证。另外，阵列里还包括空间望远镜、卫星探测器等其他观测设备。

司天阵的望远镜多、工作模式多、终端多、数据量大，所以还需要一个人工智能综合控制管理系统，我们称之为“司天大脑”。“大脑”可以让排布在阵列里的各个设备分工明确，进行适当管理，迅捷获得数据并及时处理、传输海量数据。

“司天工程”的网络阵列综合性能类似一个“宇宙相机”，可以对宇宙广大区域进行实时监测，一旦捕捉到变化信息，系统储存的前期录像就可以帮助了解爆发前期的状态，有助于跟踪、认知一个动态的宇宙，获得突破性进展。

中国国家天文台兴隆基地的小型司天阵 Ⓝ

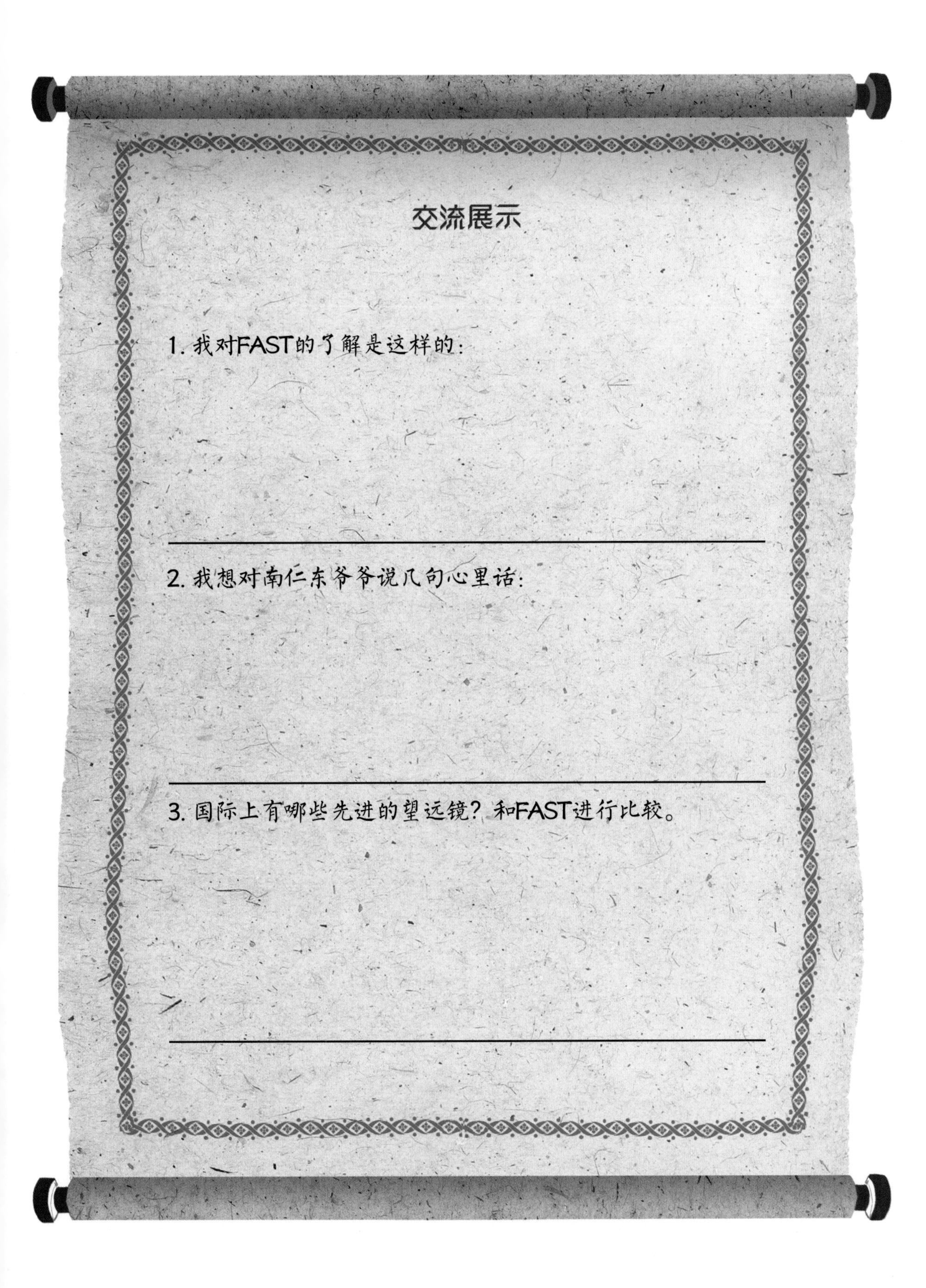

交流展示

1. 我对FAST的了解是这样的：

2. 我想对南仁东爷爷说几句心里话：

3. 国际上有哪些先进的望远镜？和FAST进行比较。

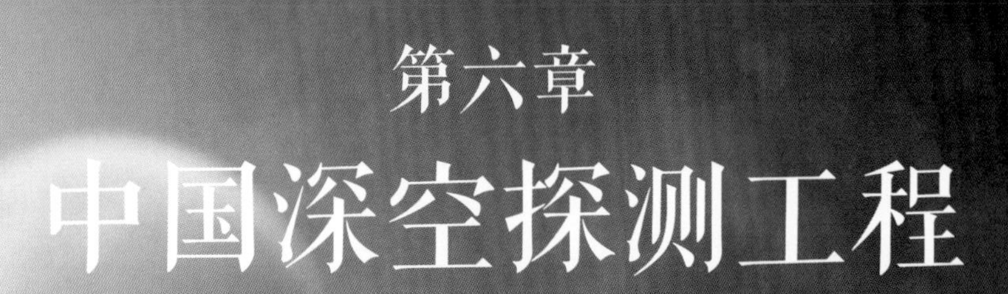

第六章
中国深空探测工程

中国作为四大文明古国之一，拥有悠久的天文观测历史，孕育了独具特色的太空探索文化。中国人对太空探索的热情，源于心灵深处对“天”的认识和理解，源于精神传统和文化血脉，源于深厚的历史文化基础。近年来，中国航天事业快速发展，取得了一系列重要成就，值得每一个中国人为之自豪。探索浩瀚宇宙，建设航天强国，是我们不懈追求的航天梦！

第二次世界大战结束后，太空是美、苏两个超级大国竞争的主要舞台。1957 年,苏联第一颗人造地球卫星升空,标志着人类进入了太空时代。随后美国、法国、日本相继发射人造卫星。在这种大环境下，中国开始将航天事业置于国家发展的重要地位，中国人在艰苦卓绝的环境中默默努力。1970 年 4 月 24 日，中国在酒泉卫星发射中心成功发射了“东方红一号”卫星。这颗卫星的技术负责人孙家栋,后来成为北斗卫星导航系统的总设计师、绕月探测工程的总设计师，领导实施了一系列重大航天工程。

航天是高科技战略性行业，是一个国家综合实力的重要象征，具有高投入、高风险、高技术的特征，也是一个复杂的系统工程。航天事业的进步，要有国家雄厚的经济实力和完整的工业基础作保障。经过半个多世纪，中国相继建设了酒泉、太原、西昌、文昌四大航天发射场，其中位于海南文昌的航天发射场

“长征三号”运载火箭升空 ©

位置尤其优越，它更靠近赤道，有利于航天器借助地球的自转速度，用更少的燃料进入太空。目前，中国已经建立起覆盖全球的测控网，并在此基础上建设了深空测控网，从地到天，从陆地到海洋，实现了全覆盖。

今天，以高分辨率对地观测卫星、“风云”系列气象卫星、北斗卫星导航系统等为代表的人造地球卫星，以“嫦娥”系列和“天问”系列为代表的月球与深空探测工程，以“神舟”飞船和“天宫”空间站为代表的载人航天与空间站工程，以“悟空号”探测卫星等为代表的空间科学卫星等的不断发展，标志着中国的太空探索事业薪火相传，生生不息。中国天文和航天领域的科学家和工程师，始终秉持自力更生、艰苦奋斗的精神，不仅创造和丰富了系统工程的管理经验，产生了以“两弹一星”功勋为代表的科学精英，还创造了传统航天精神、探月精神、新时代北斗精神、载人航天精神等精神谱系，为我们奔向星辰大海奠定了思想基础。

一 | “嫦娥”揽月绘广寒

“嫦娥”探月艺术图 Ⓥ

我国于 2004 年正式开展月球探测工程，工程分为三大步，分别是“探月”“登月”和“驻月”。目前已完成第一大步“探月”（又称“嫦娥工程”），后续计划于 2030 年前实现中国人首次“登月”。“嫦娥工程”又分为“小三步”，分别是“绕月”（探月一期工程）、“落月”（探月二期工程）和“返回”（探月三期工程），简称为“绕”“落”“回”。

“嫦娥工程”发射的探测器即“嫦娥”系列月球探测器，截至 2024 年上半年，我国已经发射了一到六号，顺利完成了各项预定任务。

“嫦娥一号”

“嫦娥一号”于 2007 年 10 月 24 日成功发射，是中国探月计划中的第一颗绕月人造卫星。中国成为世界上为数不多的具有深空探测能力的国家。“嫦娥一号”的主要任务是获取月球表面三维影像、分析月球表面有关物质元素的分布、探测月壤厚度、探测地月空间环境等。“嫦娥一号”的工作轨道选择了绕月极的轨道，高度约为 200 千米，运行周期约为 127 分钟。“嫦娥一号”在轨运行一年中，共传回 1.37 TB 的有效科学探测数据，获取了全月球影像图、月表部分化学元素分布等一批科学研究成果，圆满实现工程目标和科学目标。2009 年 3 月 1 日，“嫦娥一号”完成使命，在受控情况下成功撞击月球，撞月地点位于月球东经 52.36°、南纬 1.50° 区域。

“嫦娥二号”

“嫦娥二号”2010 年 10 月 1 日发射，是“嫦娥一号”的备份卫星。“嫦娥一号”任务圆满完成后，“嫦娥二号”除完成原先预定的跟“嫦娥一号”类似的任务——为“嫦娥三号”月球软着陆任务进行部分关键技术试验，并对“嫦娥三号”着

“嫦娥一号”©

陆区进行高精度成像以外，还增加了拓展任务，飞抵距地球约 700 万千米远的深空，与 4179 号小行星“图塔蒂斯”擦身而过，完成了对这颗小行星的国际首次近距离光学探测。

“嫦娥三号”

“嫦娥三号”由着陆器和巡视器（“玉兔一号”月球车）组成，于 2013 年 12 月 2 日成功发射，“嫦娥三号”是中国第一个月球软着陆无人登月探测器，12 月 14 日软着陆于月球虹湾以东地区（19.51W，44.12N），15 日着陆器与巡视器完成分离。

“嫦娥三号”任务是中国探月工程二期的关键任务，它突破了月球软着陆、月面巡视勘察、月面生存、深空测控通信与遥控操作、运载火箭直接进入地月转移轨道等关键技术，实现了中国首次对地外天体的直接探测。“嫦娥三号”携带中国的第一台月球车“玉兔”,“玉兔”是二期探月工程的亮点之一。“嫦娥三号”搭载的八台科学载荷陆续开展了“观天、观地、测月”的科学探测任务，所获

“嫦娥二号”©

得的各类科学探测数据及最新的探测图片和相关视频，极大地推动了国内外认识月球、研究月球和利用月球的探索热情，取得了大量创新成果。

“嫦娥三号”的“观天”任务由搭载的月基望远镜承担。在月球上开展天文观测有很多优势，因为没有大气，望远镜可以观测到那些被地球大气阻挡、不能到达地球表面的宇宙辐射；也因为没有大气，太阳光没有散射，月球上白天的天空背景也是黑的，故在月昼和月夜都能进行天文观测。“嫦娥三号”搭载了极紫外相机，人类第一次实现对整个地球等离子体层的观测，极紫外相机实时记录太阳光、磁层、大气层的相互作用，为中国空间科学研究和自然灾害预报提供基础数据。另外，“玉兔一号”月球车搭载了粒子激发 X 射线谱仪和红外成像光谱仪，可用于测量月球上的矿物及其成分。“玉兔一号”每走到一个地方，都可以停下来对月壤和岩石进行观测。月球车上还有一个重要载荷是测月雷达，它使人类第一次实现月球的雷达就位探测。以前国际上的常规操作是把雷达放在月球环绕器上，中国是第一个对月球局部区域进行精密探测的国家。

“嫦娥三号”探测器（左为着陆器，右为“玉兔一号”）©

“嫦娥四号”着陆器（左）和“玉兔二号”月球车（右）©

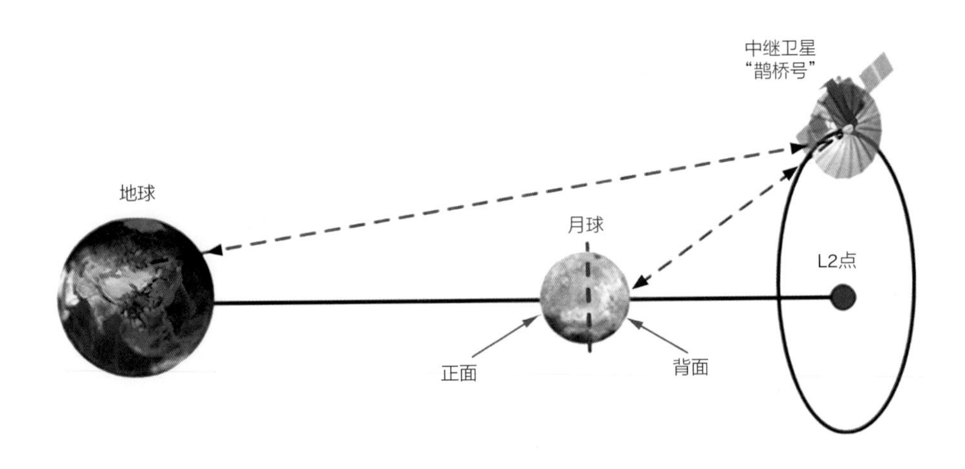

“鹊桥号”工作示意图 Ⓖ

在月球上进行深空观测有两大优势。一是月球相对于恒星的自转比地球的自转缓慢，自转一周需要 27.32 个地球日，可对一个目标开展长达 300 多小时的持续跟踪。二是可避开大气影响，获得极高精度的观测数据。尤其是在地球上无法实现的近紫外波段（这个波段被地球大气阻隔，辐射达不到地面）的深空观测，特别适合在月球上进行观测。

“嫦娥四号”与中继卫星“鹊桥号”

月球总是正面对着地球，发射到月球背面的探测器是无法与地球通信的。“嫦娥四号”是探测月球背面的探测器，为解决它在月球背面与地球基站的通信问题，我国于 2018 年 5 月 21 日发射了一颗通信中继卫星“鹊桥号”。“鹊桥号”为“嫦娥四号”着陆器和巡视器的多项月背探测任务提供稳定可靠的中继通信链路。在承担通信中继任务的同时，“鹊桥号”还携带低频射电探测仪、激光反射镜等试验载荷，开展多项科学探测和新技术试验任务。

“嫦娥四号”由着陆器和巡视器（“玉兔二号”月球车）组成，于 2018 年 12 月 8 日发射，2019 年 1 月 3 日成功着陆于月球背面南极—艾特肯盆地内的冯 · 卡

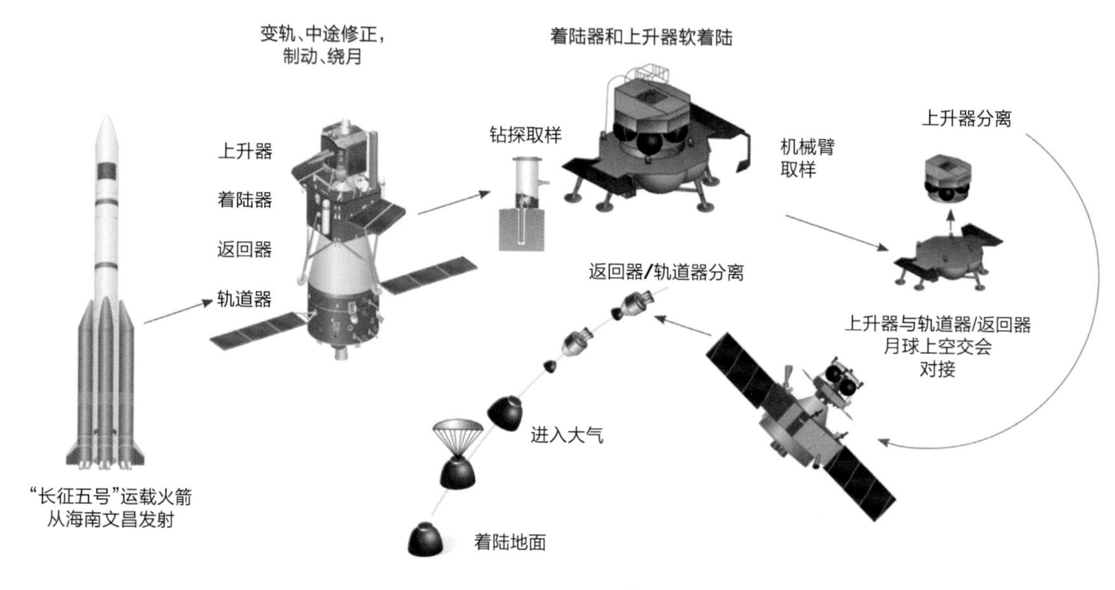

“嫦娥五号”月球采样返回任务工作示意图 ©

门撞击坑，是人类第一个着陆月球背面的探测器。“嫦娥四号”的主要任务包括：开展月表地形地貌与地质构造、矿物组成和化学成分、月球内部结构、地月空间与月表环境等的探测活动，建成基本配套的月球探测工程系统；对月球背面尤其是太阳系内已知最大的陨石坑进行探测；尝试月球背面的中继通信；进行世界首次低频射电天文观测。截至 2022 年 1 月，“嫦娥四号”着陆器与“玉兔二号”月球车在轨工作突破 1000 天，整体工况良好，载荷工作正常，持续开展科学探测累计获得探测数据 3780GB。

“嫦娥五号”

“嫦娥五号”是中国首个无人月面取样返回航天器，由轨道器、返回器、着陆器、上升器四个部分组成，于 2020 年 11 月 24 日发射。这次任务是“嫦娥工程”中最关键的一环，也是中国航天征程中最复杂、难度最大的任务之一。

“嫦娥五号”任务要攻克取样、上升、对接和返回四个主要技术难题，面对分离面多、模式复杂、细节严苛、温度极端、重量约束等五大挑战。“嫦娥五号”克服种种困难，最后安全带回了 1731 克月球样品，标志着中国地外天体样品储存、分析和研究工作拉开新的序幕。

“嫦娥六号”上升器携带月球样品自月球背面起飞 ©

“嫦娥六号”

“嫦娥六号”是“嫦娥工程”发射的第六个探测器，2024 年 5 月 3 日发射入轨，先后经历了地月转移、近月制动、环月飞行、着陆下降等过程。与“嫦娥五号”类似，“嫦娥六号”探测器由轨道器、返回器、着陆器、上升器组成。2024 年 6 月 2 日，“嫦娥六号”着陆器和上升器组合体在“鹊桥二号”中继星支持下，成功着陆于月球背面南极—艾特肯盆地预选着陆区。

智能采样是“嫦娥六号”任务的核心关键环节之一。最后，探测器经受住了月背高温考验，通过钻具钻取和机械臂表取两种方式分别采集月壤样品和月表岩石，实现多点、多样化自动采样，并按预定方式将珍贵的月球背面样品封装存放在上升器携带的贮存装置中。“嫦娥六号”着陆器配置了降落相机、全景相机、月壤结构探测仪、月球矿物光谱分析仪等多种有效载荷，按计划开展了月球背面着陆区的现场调查分析、月壤结构分析等

趣味坊

月球上真有“嫦娥”和“玉兔”啦!

中国“探月”计划中的飞船被命名为“嫦娥”系列，2013年12月14日，“嫦娥三号”成功落月，并携带了一辆名为“玉兔”的月球车。从此以后，“嫦娥登月”不再是神话，中国的“玉兔”真的在月面上行走啦！更有趣的是，国际天文学联合会还在2015年11月宣布，将“嫦娥三号”着陆点附近区域命名为“广寒宫”，那不就是传说中嫦娥的住所嘛！

科学探测，深化了月球成因和演化历史的研究。

“嫦娥六号”任务是人类首次实现月背采样返回，工程创新多，风险高，难度大。与月球正面采样返回的“嫦娥五号”任务相比，“嫦娥六号”是从月球背面起飞返回，无法直接得到地面的测控支持。“嫦娥六号”任务突破了月球逆行轨道设计与控制技术，并在“鹊桥二号”中继星的支持下，完成了月背智能快速采样、月背起飞上升等关键技术难点。2024 年 6 月 4 日，“嫦娥六号”上升器携带月球样品自月球背面起飞，成功进入预定环月轨道，返回地球。

具有特别意义的是，“嫦娥六号”着陆器携带的五星红旗在月球背面成功展开，这是中国首次在月球背面独立动态展示国旗。

“嫦娥工程”与月球地形命名

1922 年，国际天文学联合会（IAU）设立国际月球地理实体命名委员会，对月球地理实体命名进行了整理和确认，最初确认了 641 个月球正面较大地形单元的命名。这些名字都来源于西方。

随着航天事业的发展，本着国际主义精神和谁发现谁命名谁提交、并经国际天文学联合会审核的原则，月球上开始出现一批中国人的名字，如祖冲之（1961 年），石申、张衡、郭守敬、万户（1970 年），高平子（1982 年）等。1975 年，美国航空航天局（NASA）科学家向国际天文学联合会提名了将近 150 人，包括 4 位在纽约联合国总部工作的美籍华人。

2006 年，根据国际天文学联合会的命名规则，卫星坑以附近的陨石坑来命名，因此月球（背面）上又多出来祖冲之 W、石申 P、石申 Q、张衡 C、万户 T 等 5 个有中国元素的地形单元。

2007 年之前，带有中国元素的名称都是被动命名的，并非中国提交。2010 年，

中国航天事业的奠基人——钱学森

钱学森 ©

钱学森（1911—2009年），一个在中国乃至世界科技史上都熠熠生辉的名字。他是中国航天事业的奠基人，被誉为“中国导弹之父”“火箭之王”。

钱学森从小天资聪颖，勤奋好学，对科学充满了浓厚的兴趣。1934年，他从上海交通大学毕业后赴美留学，师从著名空气动力学家冯·卡门，并在加州理工学院获得了博士学位。在美国期间，钱学森展现出了卓越的科研才能，成为了冯·卡门最得意的学生之一。

1955年，经过中国政府和美国政府的多次交涉，钱学森回到了魂牵梦绕的祖国。回国后，他立即投入到了祖国的科技建设中。他组建了中国第一个火箭和导弹研究院，并担任首任院长。在他的领导下，中国航天事业迅速崛起，取得了举世瞩目的成就。

钱学森在科研上严谨认真，一丝不苟。他亲自参与导弹和火箭的设计工作，对每一个细节都严格把关。在他的努力下，中国第一颗导弹“东风一号”成功发射，第一颗原子弹成功爆炸，第一颗人造地球卫星“东方红一号”成功升空……这些成就不仅使中国成为世界上少数几个拥有核导弹和人造卫星的国家之一，也极大地提升了中国的国际地位。

除了科研成就外，钱学森还非常注重人才培养。他亲自授课，培养了一批优秀的航天科技人才。他非常注重科研创新和技术突破，鼓励团队成员勇于探索未知领域，不断挑战技术极限。他的这种科学精神和教育理念对中国航天事业的发展产生了深远的影响。

1991年，钱学森被授予“国家杰出贡献科学家”荣誉称号，获得“一级英雄模范”奖章。1999年，中共中央、国务院、中央军委授予他“两弹一星”功勋奖章。

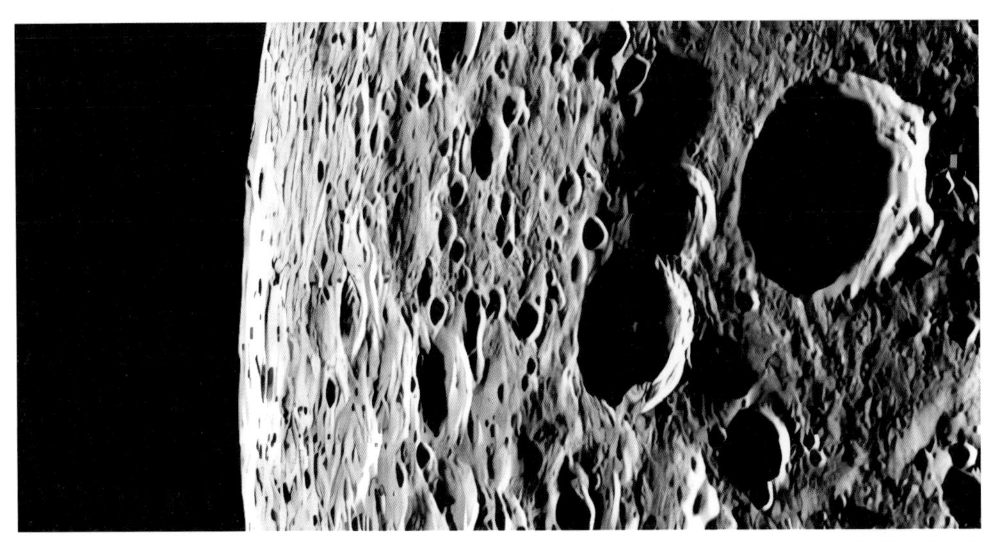

月球背面遍布大大小小的由陨石撞击形成的环形山 Ⓥ

中国根据“嫦娥一号”拍摄到的全月图，首次向IAU申请月球命名并获得批准，月球背面三个撞击坑分别以毕昇（北宋活字印刷术发明者）、蔡伦（东汉造纸术改进者）、张钰哲（现代天文学家，我国近代天文学的奠基人，1950—1986年任紫金山天文台台长）命名。2015年10月，经IAU批准，“嫦娥三号”探测器着陆点及周边区域被命名为“广寒宫”，附近的三个撞击坑分别被命名为“紫微”“天市”“太微”，这是中国古代天文星图中“三垣”的名字，月球再次打上了中国的烙印。2019年，“嫦娥四号”月球探测器着陆在月球背面的冯·卡门撞击坑内，着陆点及其附近五个月球地理实体的命名申请被国际天文学联合会批准，“嫦娥四号”着陆点命名为“天河基地”，冯·卡门坑内的中央峰命名为“泰山”，着陆点周围呈三角形排列的三个环形坑分别命名为“织女”“河鼓”和“天津”，这是夏季夜空中最明亮的“夏季大三角”中3颗恒星的中国名字。2021年，国际天文学联合会批准中国在“嫦娥五号”降落地点附近的8个月球地貌的命名申请，分别为：天船基地、华山、衡山、裴秀（西晋时期地理学家）、沈括（宋代天文学家、数学家）、刘徽（三国时期魏国数学家）、宋应星（明末科学家，其著作《天工开物》被誉为“中国17世纪的工艺百科全书”）和徐光启（明代农艺师、天文学家、数学家）。至此，月球上含有中国元素的名字达35个。

中国人造卫星之父——赵九章

赵九章 ©

中国的卫星事业如今已跻身世界前列，例如北斗导航系统已经拥有55颗人造卫星，此外太空中还飘浮着几十颗中国的气象卫星、通信卫星、海洋卫星和导航卫星。这一切，离不开赵九章（1907—1968年）的贡献。

赵九章1929年考进清华大学，1938年在德国柏林大学获得博士学位后回国，相继担任西南联大教授、中央大学教授，还担任过清华大学气象系主任。

在20世纪50年代中期，美、苏两国相继启动了卫星发射研究计划。赵九章向国家提议研制人造卫星，并且提交了可行性研究报告。但由于当时国力不强，卫星研制工作被搁置了。1964年，一直挂念人造卫星的赵九章终于等来了机会：中国的火箭运载技术取得了重大突破，已经有条件把卫星送上天了。于是他写了几十页的报告呈交给国家领导人：造"人造卫星"不是小事情，而是事关国防与洲际导弹的大事情。终于，赵九章的报告得到批准，国防科工委正式启动研究计划，准备在1970至1971年发射我国第一颗卫星，并把卫星本体制造的工作交给赵九章亲自负责。实施人造卫星发展计划的中国科学院卫星设计院成立后，赵九章担任院长，开始没日没夜地主持实施关于卫星研制的各项工作，并预先给卫星起名为"东方红一号"。

赵九章是当之无愧的"中国卫星之父"。1999年9月，赵九章被追授"两弹一星元勋"。2006年，国际空间研究委员会设立了"COSPAR赵九章奖"。2007年，赵九章百年诞辰之际，编号为7811号的小行星被命名为"赵九章星"。

二 “玉兔”巡月数秋毫

中国设计的未来在月球上建造的月面基地样式“月球尊”概念图 Ⓟ

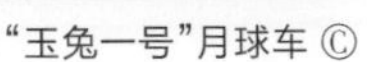

“玉兔一号”月球车 ©

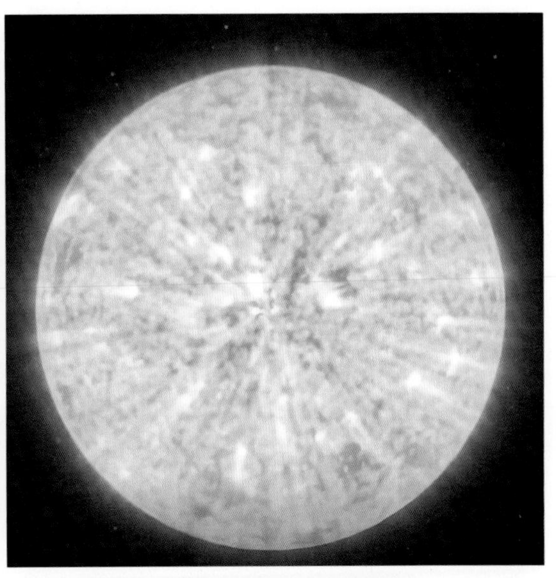

“玉兔一号”配备的极紫外相机拍摄到的太阳磁层全景画面 ©

“玉兔一号”

“玉兔一号”月球车是中国首辆月球车，与着陆器共同组成“嫦娥三号”探测器。“玉兔一号”月球车设计质量137千克，能源为太阳能，能够耐受月球表面真空、强辐射、-180—150℃极限温度变化等极端环境。月球车具备20°爬坡、20厘米越障能力，配备了全景相机、红外成像光谱仪、测月雷达、粒子激发X射线谱仪等科学探测仪器。

2013年12月2日，中国在西昌卫星发射中心成功将“嫦娥三号”探测器送入轨道。2013年12月15日“嫦娥三号”着陆器与巡视器分离，“玉兔一号”月球车顺利驶抵月球表面。2014年1月25日，“玉兔一号”发生机构控制故障，虽然其他科学探测功能并没有丧失，但却因为无法移动而永远地停留在了N209点处。2016年7月31日晚，“玉兔一号”月球车超额完成任务后停止工作。“玉兔一号”在月球上留下了第一个中国足迹，一共在月球上工作了972天。

“玉兔二号”

“玉兔二号”是“嫦娥四号”任务的月球车，于 2019 年 1 月 3 日完成与“嫦娥四号”着陆器的分离，驶抵月球背面。“玉兔二号”首次实现月球背面着陆，成为中国航天事业发展的又一座里程碑。

与“玉兔一号”相比，“玉兔二号”在技术上进行了多项改进和升级。“玉兔二号”质量 135 千克，能源为太阳能，同样能够耐受月球表面真空、强辐射、-180—150℃极限温度变化等极端环境，具备 20°爬坡、20 厘米越障能力，并配备有全景相机、红外成像光谱仪、测月雷达和中性原子探测仪等科学探测仪器。这些仪器在月球背面通过就位和巡视探测，开展低频射电天文观测与研究，

“玉兔二号”©

巡视区形貌、矿物组分及月表浅层结构研究，并试验性地开展月球背面中子辐射剂量、中性原子等月球环境研究。“玉兔二号”可根据光照条件自主地进入休眠状态，唤醒后也可以自主设置进入稳定的工作状态。“玉兔二号”还改进了各种走线的布局，在系统上也做好了故障隔离设计，阻止局部问题扩散。“玉兔二号”的结构更坚固，应对恶劣环境和困难的能力也更强。

至 2023 年 1 月 3 日，“嫦娥四号”登陆月背已四周年，“玉兔二号”成为月面工作时间最长的月球车，拥有运行时间最长的月球车吉尼斯世界纪录；累计行程达到 1500 米，工况正常，对外发布各级科学数据超过 940.1GB，创造了多个举世瞩目的成绩。

“玉兔二号”月球车前50个月昼月面行驶轨迹图 ©

三 载人登月圆清梦

中国载人登月艺术图 Ⓥ

中国月球探测工程的“大三步”之第一大步“探月”，已经随着“嫦娥六号”任务的圆满完成而胜利结束。第二大步“登月”主要是载人登月。

中国计划在 2030 年前实现载人登月，其后将探索建造月球科研试验站，开展系统、连续的月球探测和相关技术试验验证。初步方案是：采用两枚运载火箭分别将月面着陆器和载人飞船送至环月轨道，在轨交会对接，航天员从飞船进入月面着陆器。其后，月面着陆器单独下降，着陆于月面预定区域，航天员登上月球开展科学考察与样品采集。在完成既定任务后，航天员乘坐着陆器上升至环月轨道与飞船交会对接，携带样品乘坐飞船返回地球。

为完成这项任务，我国科研人员正在研制“长征十号”运载火箭、新一代载人飞船、月面着陆器、登月服、载人月球车等先进设施和装备。

月基天文台

中国的载人登月和在月球上建立长久基地的计划早已确定，现在已经处于实施阶段。在月球建立长久基地，可以进行各种地球上不方便进行的实验和探索，其中很重要的一个基地就是月基天文台。在月球上建立天文台，可以观测那些在地球上不容易观测到的宇宙信息。

月基天文台具有很多优势。比如，月球上没有大气，在地球上所有因大气而影响天文观测的因素，如大气折射、散射和吸收、无线电干扰等，在月球上均不存在，因此在月基天文台可以实现全波段观测。另外，那些即使能够在地球表面观测的宇宙辐射，也因为地球大气的扰动而使地面望远镜的接收精度受到影响；而把同样的望远镜放到月球上，天文学家能够获得更清晰的信号。

月球是一个巨大的天然稳定平台，足够人类建立庞大的月基天线阵和地月联网天线阵列，让人类把观测到的天体细节分辨得更加清楚。

月球引力场比地球的微弱，月球表面上的引力只有地球表面引力的 1/6，对仪器结构强度要求低，减轻了制造难度，而且仪器的操作和控制也更容易。

天文学家一直希望找到一片完全宁静的地区，监听来自宇宙深处的微弱电磁信号。在地球上，人们日常所处的电磁环境会对这样的观测产生严重干扰。而在月球背面，因为月球自身屏蔽了来自地球的各种无线电干扰，所以是非常宁静的区域。在月球背面开展低频射电天文观测是天文学家梦寐以求的，这项工作可以填补射电天文领域中低频观测段的空白。月球天文观测是研究太阳、行星及太阳系外天体的重要手段，将为研究恒星起源和星云演化提供重要数据，由此，科学家或将窥见大爆炸后宇宙如何摆脱黑暗、点亮第一代恒星从而迎来“黎明时代”的信息。

月基天文台还将打开一扇可探测极低射电频率的宇宙新窗口，科学家甚至可能通过对难以捉摸的引力波和中微子的研究，开辟出天文学的一些新分支。

当然，月基天文台也不是没有缺点。在地球上，大气的存在好像给地球加了一个“防护罩”，一般的小流星进入地球大气层后，由于高速运动，与大气摩擦所产生的热量可以烧蚀流星。月球没有这个“防护罩”，因此容易遭到各种小行星、流星等移动天体的撞击。为此，必须给各类设备加上特殊的“保护罩”。月球上昼夜温差很大，对于需要露天进行的观测活动，相应的仪器设备研制要求很高，特别是那些需要在月昼月夜连续使用的设备，既要耐高温（100℃以上）又要耐低温（-100℃以下）。另外，月球背面无法跟地球直接通信，必须借助中转链路，传输信息的能力受到限制。在月球上进行天文观测，既有比地球上好的条件，也存着很多困难，需要科学家不断探索，寻求更好的解决办法。

我国设计的月球车模型 ©

建设月球科研站想象图 ©

四 “神舟”飞天上九重

“神舟”飞船 ©

“神舟”飞船是我国自行研制、具有完全自主知识产权、达到甚至优于国际第三代载人飞船技术的空间载人飞船。其结构基本统一为“三舱一段”，即返回舱、轨道舱、推进舱和附加段，由 13 个分系统组成。“神舟”飞船与国际第三代飞船相比，具有起点高、具备留轨利用能力等特点。

“神舟”飞船的轨道舱是航天员生活和工作的地方；返回舱是飞船的指挥控制中心，航天员乘坐其上天和返回地面；推进舱也称动力舱，为飞船在轨飞行和返回时提供能源和动力。“神舟”飞船由专门研制的“长征二号”F 火箭发射升空，发射基地是酒泉卫星发射中心，回收地点在内蒙古中部的航天着陆场。

1992 年，“长征二号”F 运载火箭作为“神舟”飞船的发射工具开始研制。1994 年,中国载人飞船被命名为“神舟”。“神舟一号”(1999 年发射)到“神舟四号”(2002 年发射)飞船执行了不载人飞行试验,全面考核了运载火箭的性能与可靠性、飞船的安全和可靠性、地面测试发控系统的适应性以及其他各大系统的可靠性。2003 年，“神舟五号”发射，代表着中国载人航天飞行活动正式开始，航天员杨利伟搭乘“神舟五号”飞行 21 小时 23 分，绕地球 14 圈。“神舟五号”飞船发射成功,返回准确着陆,实际着陆点与理论着陆点相差仅 4.8 千米。返回舱完好无损，航天英雄杨利伟自主出舱，中国首次载人航天飞行圆满成功。从此，中国成为世界上第三个独立掌握载人航天飞行技术的国家。

此后,2005 年至 2024 上半年,我国陆续发射“神舟六号”到“神舟十八号”飞船，搭载航天员 35 人次（其中费俊龙、聂海胜、翟志刚、景海鹏、刘洋、刘伯明、王亚平、陈冬、叶光富等多次搭乘）。

中国航天员群英谱

©（航天员姓名均按从左至右排序）

杨利伟

“神舟六号”
费俊龙、聂海胜

“神舟七号”
翟志刚、刘伯明、景海鹏，翟志刚完成中国人首次太空行走

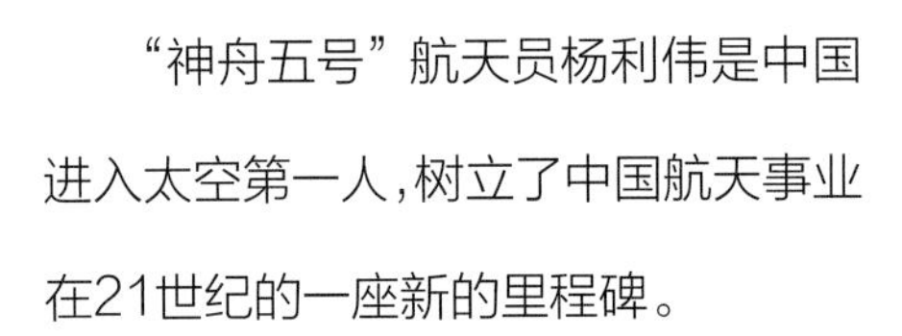

“神舟五号”航天员杨利伟是中国进入太空第一人，树立了中国航天事业在21世纪的一座新的里程碑。

2003年10月15日，杨利伟乘坐“神舟五号”飞船进入太空，10月16日，在完成21小时23分的太空飞行后，在内蒙古中部返回着陆。在太空中，杨利伟绕地球飞行了14圈，航行了约60万千米。这次飞行标志着中国成为世界上第三个独立掌握载人航天技术的国家，具有重要的历史意义。

“神舟九号”
景海鹏、刘旺、刘洋（女）

“神舟十号”
聂海胜、张晓光、王亚平（女）

“神舟十一号”
景海鹏、陈冬

“神舟十二号”
汤洪波、聂海胜、刘伯明

“神舟十三号”
叶光富、翟志刚、王亚平（女）

“神舟十四号”
蔡旭哲、陈冬、刘洋（女）

“神舟十五号”
费俊龙、邓清明、张陆

“神舟十六号”
桂海潮、景海鹏、朱杨柱

“神舟十七号”
江新林、汤洪波、唐胜杰

“神舟十八号”
李广苏、叶光富、李聪

五 “天宫”“天和”凌霄汉

中国空间站 ©

1992 年，中国首次提出建造空间站的设想，并确定了未来中国空间站的研制计划。1999 年，中国成功地进行了首次载人航天飞行的无人试飞，标志着中国载人航天事业进入了新的阶段。2000 年，中国开始研制空间实验室“天宫一号”，这是中国航天史上的第一个空间实验室，也是中国在空间技术领域的一个里程碑。2011 年，“天宫一号”发射升空并成功对接“神舟八号”，进行了首次空间实验。2016 年,“天宫二号”成功发射升空并对接“神舟十一号”,进行了第二次空间实验。

2016 年，中国国家航天局宣布启动空间站工程，标志着中国正式进入空间站建设的阶段。中国空间站由核心舱、实验舱和天地对接与供能系统组成，总质量约为 60 吨。2018 年，中国成功发射了“天和”核心舱的模块“天和一号”，为后续建设打下基础。

中国空间站轨道高度为 400—450 千米，倾角为 42—43 度，设计寿命为 10 年，长期驻留 3 人。空间站留有可扩展余地，可以根据科学研究的需要增加新的舱段，扩展规模和应用能力。空间站建成后，每年与载人飞船、货运飞船对接若干次进行补给。届时，中国将成为继俄罗斯之后，以一国之力独自完成空间站建设的国家，航天员在空间站驻留可达一年以上。2022 年 12 月 31 日，中国国家主席习近平在新年贺词中宣布 :“中国空间站全面建成。”

中国空间站的建成将为中国航天技术的发展提供重要支撑，也将促进国际空间合作。未来，中国将继续发展空间站技术，并开展更多的空间科学实验和空间技术应用，为人类探索太空、利用太空资源作出更大的贡献。

六 “天问”挥火叩苍穹

未来可能由中国人主导的载人火星探测任务畅想图 Ⓥ

“天问一号”着陆巡视器，上为“祝融号”火星车，下为“天问一号”着陆器 ©

2020 年，中国国家航天局宣布，将我国行星探测任务正式命名为“天问”，首次火星探测任务被命名为“天问一号”，后续行星任务依次编号。“天问”源于屈原长诗《天问》，表达了中华民族追求真理的坚韧与执着，体现了对自然和宇宙空间探索的文化传承，寓意探求科学真理征途漫漫，追求科技创新永无止境。

2020 年 7 月 23 日，中国第一个火星探测器“天问一号”由“长征五号”火箭携带，在海南文昌航天中心发射升空。火箭飞行约 2167 秒后，将探测器成功送入预定轨道。我国开启火星探测之旅，迈出了行星探测的第一步。

2021 年 2 月，“天问一号”与火星交会。2021 年 5 月 15 日，环绕器与着陆巡视器分离，环绕器进入预定轨道，对火星进行全球环绕探测，同时为着陆巡视器提供中继通信。着陆巡视器历经约 3 小时飞行后进入火星大气，经过约 9 分钟的减速、悬停避障和缓冲，成功软着陆于火星乌托邦平原南部的预选着陆区。“祝融号”火星车驶出着陆平台，开始进行火星的形貌、土壤、环境、大气、水冰分布、物理场和内部结构等方面的科学探测。2021 年 6 月 11 日，“天问一号”探测器着陆火星首批科学影像图公布，标志着中国首次火星探测任务取得圆满成功。

首次登陆火星，“天问一号”肩负三大科学探测任务：（1）探测火星生命活动信息，（2）进行火星的演化以及与类地行星的比较研究，（3）探讨火星的长期

“天问一号”“着巡合影”图 ©

“祝融号”火星车模型 ©

改造与今后大量移民并建立人类第二个栖息地的前景。

“天问一号”火星探测任务取得成功意义重大。虽然我国探测火星起步晚于其他国家，但我们奋起直追，在一次发射中就完成了探测火星的“绕、落、巡”三个目标。这种“三步并作一步走”的探火方式，起点高、效率高，但是挑战也非常大，在世界火星探测史上是从未有过的。“天问一号”的成功，使我国深空探测能力和水平实现了跨越式发展，成为世界上第三个在火星上着陆的国家，第二个在火星上巡视的国家。

“天问一号”火星探测器由三个重要部件构成：

“天问一号”环绕器，设计寿命为 1 个火星年（合 687 个地球日），主要任务是对火星进行全球性、综合性的普查和局部详查，并为火星车提供数据传输的中继支持。

“天问一号”着陆器，主要任务是携带火星车，利用降落伞和反推火箭在火星表面安全着陆。着陆过程虽然只有短短 9 分钟左右的时间，但所需要的技术和步骤都非常精密。

“天问一号”巡视器即“祝融号”火星车，高 1.85 米，质量约为 240 千克，主要任务是在着陆区附近开展巡视探测，设计工作寿命 3 个火星月（合 92 个地球日）。“祝融号”火星车的主要探测任务是对有科研价值的局部地区开展高精度、高分辨率的详细调查。截至目前，“祝融号”火星车仍然在超期工作，不断有新的成果发回地面。

分析与综合

“天问一号”到达火星后，需要探索的科学问题太多了，在有限的载荷条件下，究竟要完成哪些科学探测任务，必须经过细致分析，综合得出结论。分析就是把事物分解成各个部分加以考察，也就是把研究对象分解成各个部分，把各部分包含的信息挖掘出来。综合就是把事物的各个部分连接成整体加以考察。综合和分析是相对的，把分析各部分得到的信息从整体上进行理解，可以综合勾画出事物的整体面貌。

七 | 茫茫宇宙
觅知音

探索地外文明畅想图 Ⓥ

随着太空探索的发展，地球以外的宇宙空间里是否存在着跟我们一样有智慧的生命，是否有与我们可以交流的文明，它们是不是比我们更高级或更低级的生命形态……这些都成为科学家致力于探索的重要课题。

科学思维
科学方法

类比

科学家把系外行星与地球进行类比，提出了宜居带的概念。类比就是根据两个对象在某些属性上的相似，推测它们在另一些属性上也可能相似。

半个多世纪以来，人类发射了各种各样的探测器，已经访问了太阳系中众多的行星、矮行星、卫星、彗星和小行星等。迄今为止，人类对于太阳系内地外生命探索的结果是：

- 太阳系中还没有发现任何地外生命；
- 除地球之外，过去可能有过生命出现的唯一天体是火星；
- 小行星和彗星都不是适合生命居住的天体。

如今，科学技术的突飞猛进，已经使太阳系外天体的探测计划悄然而生。人类对太阳系外是否存在生命的探测，是针对太阳系外恒星的行星系统进行的。通常我们肉眼能看到的星星绝大多数都是太阳系外的恒星，这些恒星的周围也有可能像太阳系一样，存在着行星系统。这样的行星系统通常被中心恒星的亮度淹没了，依据以前的科技水平我们无法探测到。

从 20 世纪 90 年代起，科学家们已经发展了多种探测太阳系外行星的方法和手段，包括地面望远镜和空间望远镜的探测技术，证实了太阳系外其他恒星体系中也有行星（称为系外行星）存在。现在我们发现并确认的系

外行星已经有 5000 多颗。这些行星大小不一、形态各异，涉及热木星、亚海王星、岩石行星、超级地球等各种类型。但这些系外行星中类似地球（在宜居带内）的并不多（只有 50 颗左右），它们或者质量大，或者距离地球遥远（几千光年），或者围绕红矮星运转等，还不是环境最像地球的行星。科学家们认为，宇宙很大，系外行星很多，之所以还没有找到更像地球的行星，是因为我们的技术手段还不够，还必须进一步发展更先进的技术。

中国搜寻地球2.0计划

2022 年，中国科学家提出了一项通过空间望远镜开展的巡天计划“中国搜寻地球 2.0 计划”，寻找地球近距离的太阳系外、处于宜居带上的类地行星。这将是国际上首次专门在太阳系近邻、类太阳型恒星周围的宜居带上寻找类地行星的空间探测任务。该项目聚焦于搜寻距离地球较近（几十光年范围）、类似太阳这样的恒星周围，有无类似地球的行星（相当于一个孪生地球，称为地球 2.0），

五颗位于宜居带的类地行星概念图，最左为地球，然后从左到右依次为开普勒186f、62f、452b、69c、22b（NASA）

也就是和地球质量相当、轨道处于宜居带、有大气或表面可能有液态水、能维持生命存在的行星。

“中国搜寻地球 2.0 计划”汇聚了来自国内外 30 多所大学及研究机构的超过 200 多位天文学家，未来该项目所取得的观测数据也将实现全球共享。这个计划被列为中国科学院“战略性先导科技专项”，实施时间为 2022—2031 年。该项目将发展 6 台 500 平方度广角凌星望远镜和 1 台 4 平方度的微引力透镜望远镜，这些望远镜将全部采用自主研发技术，预计观测能力将超过以往的系外行星探索空间计划。“中国搜寻地球 2.0 计划”是我国航天事业发展的一个转折点，表明我们的视野从太阳系转到了更遥远的银河系乃至宇宙深处。目前人类还不具备发射卫星到太阳系外其他恒星附近的行星系统进行探测的

科学概念

系外行星

指太阳系外围绕其母恒星（或称宿主恒星）公转的行星。近年来科学家又发现了一些流浪行星（或称星际行星，即不绕任何恒星公转的行星）和一些围绕致密星（如白矮星、中子星、黑洞）公转的行星，它们都处在太阳系外，故称系外行星。

宜居带

一颗恒星周围一定的距离范围内，温度适宜，水可以以液态形式存在，这个区域就称为宜居带。科学家认为，液态水是生命生存不可缺少的物质，因此如果一颗行星恰好落在宜居带内，那么它就被认为有更大的机会拥有生命，或者至少拥有生命可以生存的环境。

中国科学院国家天文台密云观测站的50米射电望远镜 Ⓥ

能力，因此天文学家在探测和搜寻太阳系外的智慧信息时，也着眼于在地面建立大型射电望远镜阵列。比如地面上的多台几十米或几百米口径的射电望远镜，以阵列形式排布在很广大的区域里，以便搜索来自太阳系外遥远恒星系统内部的行星系统发出的智慧信息。

“中国天眼”搜寻计划

“中国天眼”FAST 于 2016 年启用，是目前世界上最大的单口径射电望远镜。自启动以来，它针对外星智慧信息的搜寻行动就开始了。作为目前世界上最大、最灵敏的射电望远镜，“中国天眼”在搜寻外星人上的优势也显而易见。“中国天眼”的高灵敏度大大增加了探测到有意义信息的概率。2018 年，“中国天眼”安装了专门用于地外文明搜索的后端设备，这套专门设备由美国加州大学伯克利分校地外文明研究团队携手中国科学院国家天文台为“中国天眼”量身开发，让“中国天眼”在外星人搜寻上如虎添翼，能灵敏地从接收到的海量电磁信号中筛选出有用的候选信号。未来，“中国天眼”将成为地外文明搜索研究的主力军，为地外文明搜索这一世界课题贡献中国力量。

交流展示

1. 我觉得“神舟”飞船在这些方面特别酷：

2. 我最喜欢的航天员是：

3. 如果我是航天员，我希望月球车和火星车有这些功能：

4. 查找资料，了解一下当一名合格航天员的条件：

第七章

大家一起来观星

“醉后不知天在水，满船清梦压星河。”无论古时还是今日，无论是身处地球上的哪个角落，人类对于浩瀚夜空中的点点繁星总是怀有最深沉的热爱和最本能的探索之情。你是否体验过纯粹的观星之趣呢？现在就让我们一起走进暗夜，去仰望曾经与古人对话的星空，去洞悉那些宇宙运转的深邃奥秘。

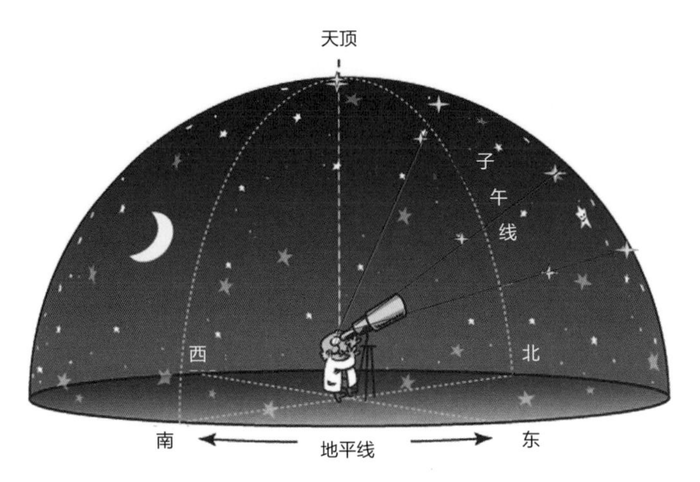

天球示意图 Ⓖ

我们所说的星空其实是一个天球的概念。天球是一个假想的球，它是一个以观测者（或地球）为中心，以无穷远为半径的球。所有天体都投影在这个球面上。星星之间实际上有距离，如上面示意图中实际位置上的红色星星，观察者看到的是投影在天幕上的绿色星星。我们可以用肉眼或小望远镜观察天球上的天体，但不能测量出我们与它们或它们彼此之间的远近和距离，只能度量它们之间的角距离，或者说方位。

我们观察天球上的星星，短时间内（例如几分钟）感觉是不变的，但时间长一点（例如 1 小时），就会发现星星围绕着北极星在旋转。所以我们看到的星空每时每刻都是变化的。我们现在知道，星空其实是不变的，它之所以看起来在变化，是因为我们跟随地球在转动。地球就好比行进在宇宙中的一辆大汽车，星空就是车窗外面的风景。

地球有每天围绕自身一周的自转，还有每年围绕太阳一周的公转，所以我们跟随地球可以看到星空一夜的变化和一年的变化。因为白天阳光淹没了一切星光，所以我们只在夜晚才能看到背对太阳那一面的星空。其实白天星空照样存在，只是我们看不到。

地球是球形的，站在不同纬度的观察者，因为看到的天球方位不同，所以看到的星空是不同的。由于地球的自转，同一纬度上的观察者看到的星空是一样的，只是看到的时间顺序不同。

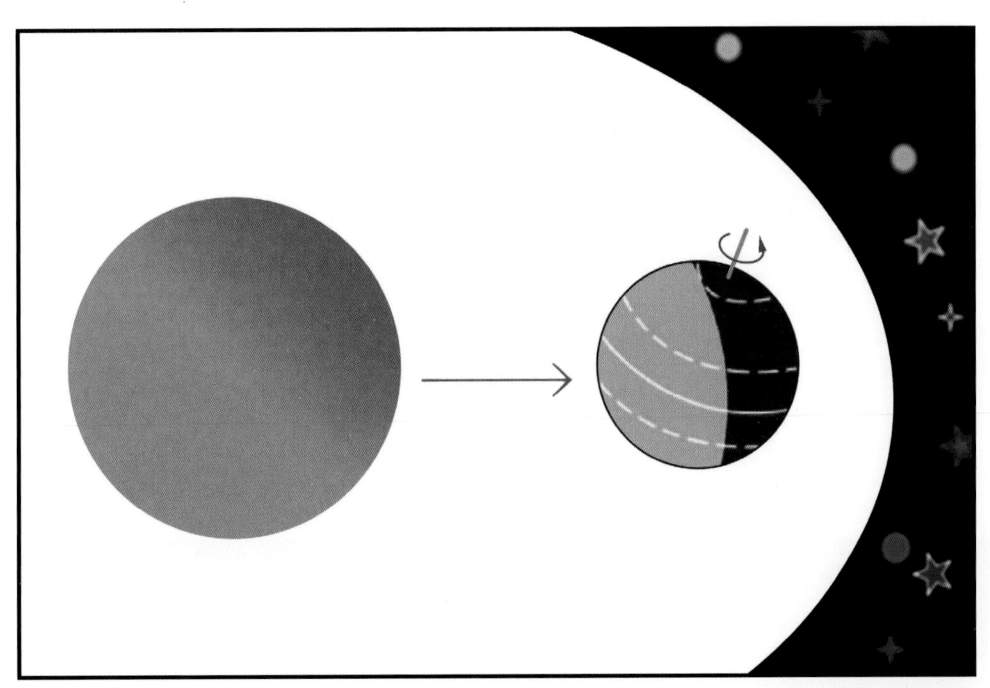

白天看不到星空，夜晚只能看到部分星空示意图 Ⓖ

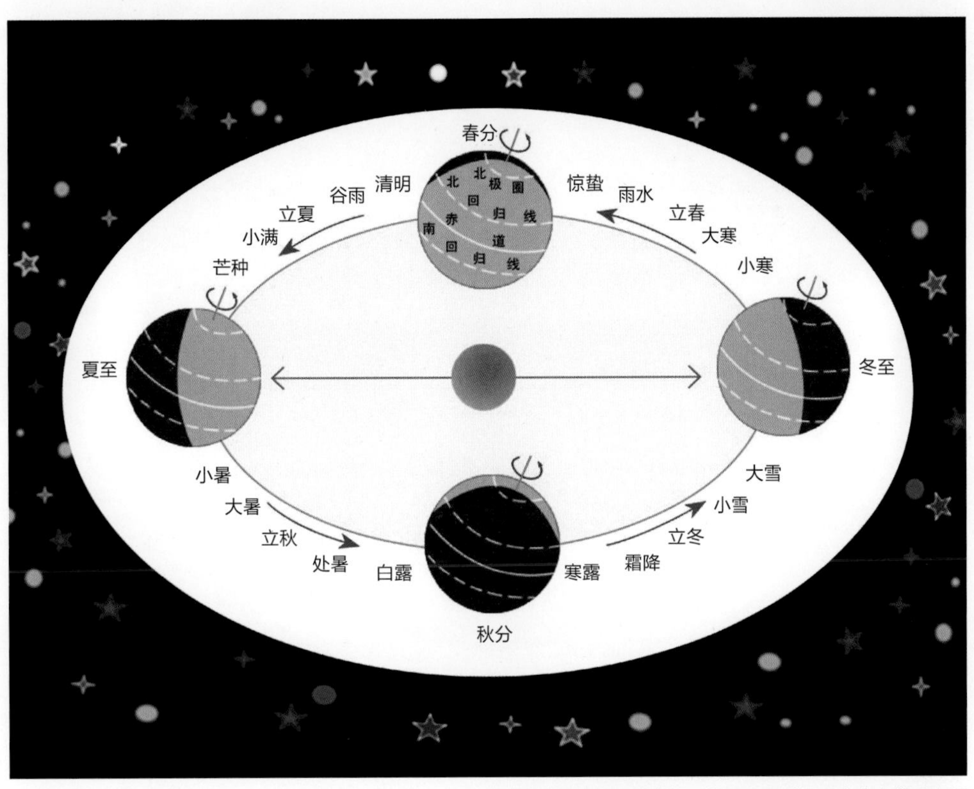

地球围绕太阳的运动使我们一年四季看到不同方向上的星空 Ⓖ

一 | 四季星空皆不同

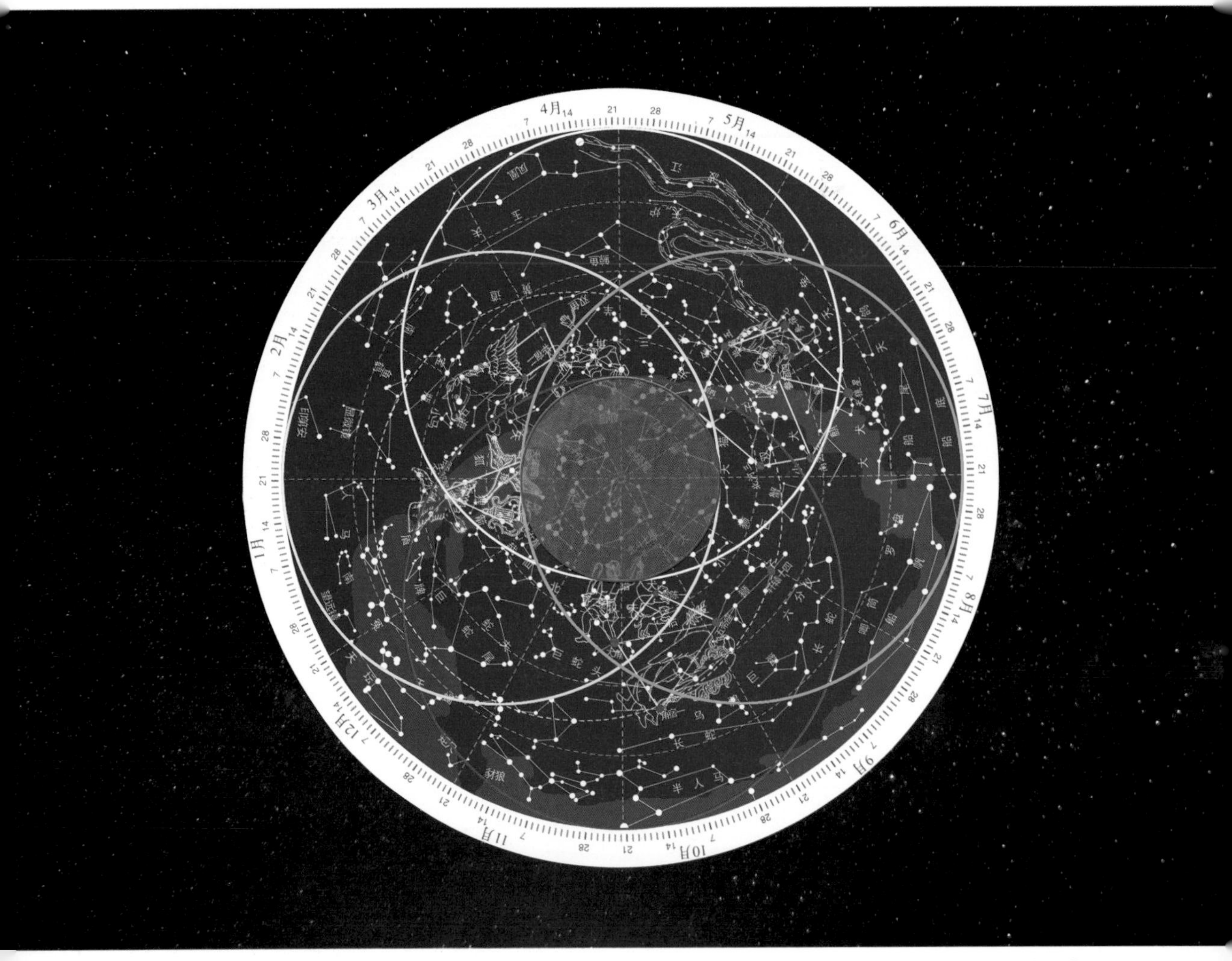

四季星空图 Ⓖ

观星前，我们首先需要了解恒星的分布。左图为身处北天球中纬度地区的人们可见的恒星分布图。由于地球自转与公转，我们任何时候只能看到一部分星空，但星空很大，每天的变化很小（大约变化 1°），所以一般把全部星空分为四部分，对应春、夏、秋、冬四个季节来观察。图中红圈区域为春季星空，黄圈区域为夏季星空，白圈区域为秋季星空，蓝圈区域为冬季星空。从图中可以发现，靠近北极点有一块区域是四个季节都可见的，这个区域里的星星会一直在天上转圈，因为它们还没有落到地平线以下就又升起来了，就像极圈里极昼的太阳一样，这部分区域叫恒显圈（中央部分的星空）。

恒显圈与观测点的纬度有关，北极点的恒显圈就是纬度 0° 圈，即 0°—90°的恒星都水平旋转，永不下落；北纬 40° 地区的恒显圈是 50°—90°，即纬度在 50°—90° 的恒星四季可见，它们围绕北极星旋转，每转到地平线时又升起来了。

极地星图即以北极点为当地天顶的星空图。这里包括几个离北极星很近又比较有名的星座，如大熊星座，尾部是北斗七星；小熊星座，尾巴尖是北极星；还有 W 形的仙后座以及五边形的仙王座等。

要观察这些星座，最重要的是找到北极星。北极星所在的小熊星座里只有一颗北极星的亮度约为 2 等，其他星都很暗，一般不容易辨认。我们可以利用北斗七星

科学概念

星等

星等是天文学中表示天体亮度的一种度量方式。星等的数值越小，表示天体越亮；数值越大，表示天体越暗。

星等之间的亮度差异通常按照“每相差 5个星等，亮度相差 100 倍”的规律计算，为天文学家研究和比较不同天体的亮度提供了标准化的方法。

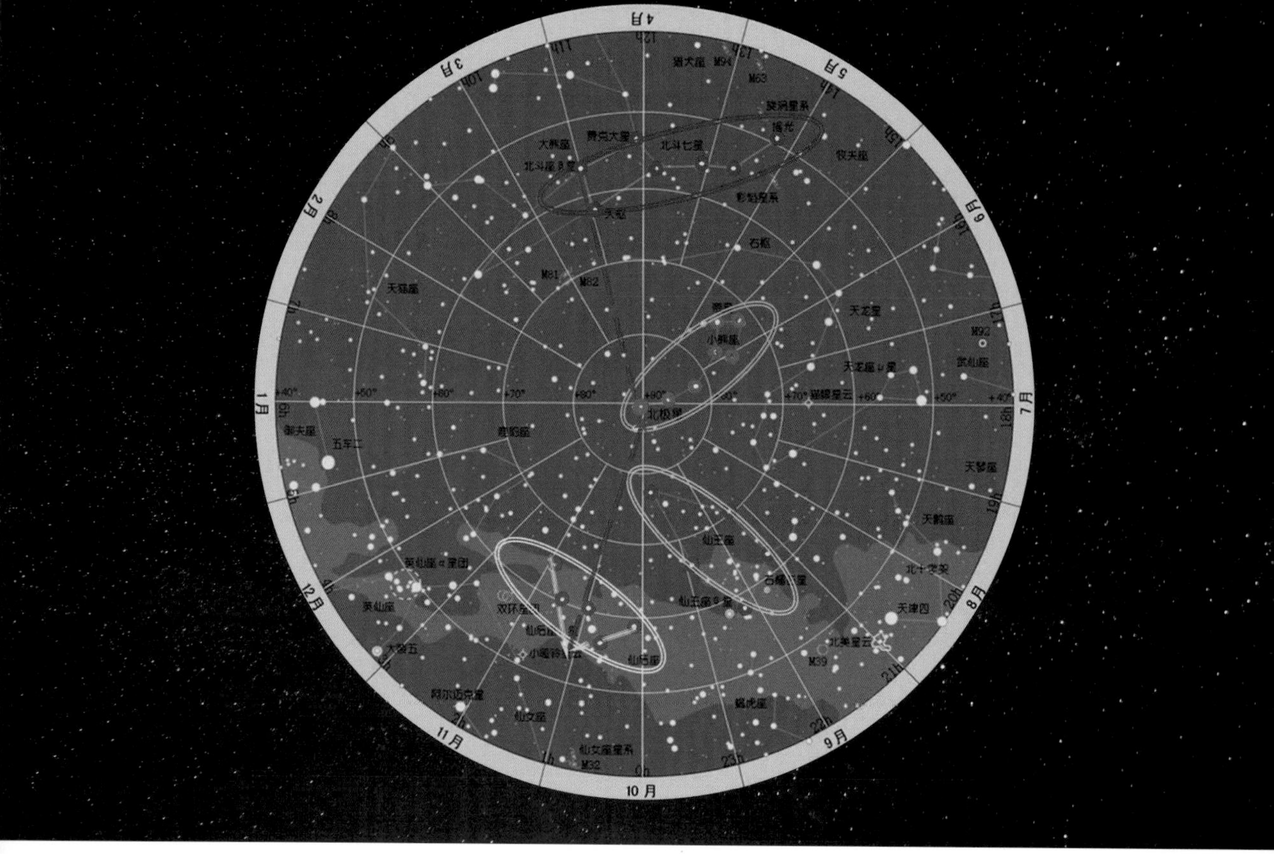

极地星图，可见四个著名星座 Ⓖ

和仙后星座的五颗星来寻找北极星。用北斗七星斗口的两颗星连线，延长至 5 倍距离就可以找到北极星；也可以用仙后座 W 形两边连线相交点再与中间星连线，然后延长至 5 倍距离也可以找到北极星（见极地星图示意）。

中国不同纬度地区的恒显圈差异很大。例如，在中国最北端的漠河地区（北纬 55°），恒显圈比较大（35°—90°），赤纬（天球坐标，地球纬度坐标的延伸）35° 以上的恒星都是永不下落到地平线以下的，比如北斗七星、仙后座、仙王座等。中纬度地区不是常年都能看到的亮星五车二在这里也是永不下落到地平线以下的。在中纬度地区，例如洛阳地区（北纬 35°），恒显圈就小多了（55°—90°），也就是赤纬 55° 以上的恒星才是永不下落到地平线以下的。这里只有仙后座和仙王座不下落，北斗七星里边的大多数星都会在某些时候落到地平线以下。再往南到海南岛地区（北纬 18°），恒显圈就更小了（72°—90°），也就是赤纬 72° 以上的恒星才是永不下落到地平线以下的。北斗七星连同仙后座和仙王座里的大多数星都会在某些时候落到地平线以下。

我们所说的四季星空并不是唯一在某个季节里只能看到的星空，而是将日落 1—2 小时后（天空完全黑下来）正南方向的星空景象，称为当季星空。因为我们看到的星空是不停转动的（实际是地球在自转），24 小时转一周（360°），所以从日落到午夜，星空转动 90°，正南方向上的星空也变化了 90°。也就是说，午夜时我们看到的是下一季节的当季星空了。

对处于同纬度线上的观星者而言，不论在哪条经线附近，只要在当地日落 1—2 小时后，他们看到的星空景象就与同纬度其他经线上的观星者看到的星空景象一样。入门级的观星者可以首先观察当季星空中的典型星座，也就是当季含有亮星最多的星座。四季星空图中，在四个方向都有用黄线连成的较亮的星座，它们都是四季的典型星座。

由于人们观星的时间不限于日落后 1—2 小时，早一点或晚一点，正南方向的星空都会有些不同。四季星空是一个宽泛的概念，这里介绍一下四季的划分。

中国传统的季节划分方式是，以二十四节气中的立春、立夏、立秋、立冬分别作为春季、夏季、秋季、冬季的起始，每季按 3 个月算。一般春季包括农历的 2 月、3 月、4 月，或者阳历的 3 月、4 月、5 月；夏季包括农历的 5 月、6 月、7 月，或者阳历的 6 月、7 月、8 月；以此类推。

春季星空

春季星空就是春季日落 1—2 小时后，我们面朝南方天空看到的星空景象。在这个星空中，并不是所有星座都很明亮，但有 3 个星座相对明亮，即狮子座、室女座和牧夫座。这 3 个星座里各有一颗 1 等的亮星，而除此之外的其他星座里都没有 1 等的亮星，所以这 3 个星座比较显眼。在光污染比较严重的城市，只要

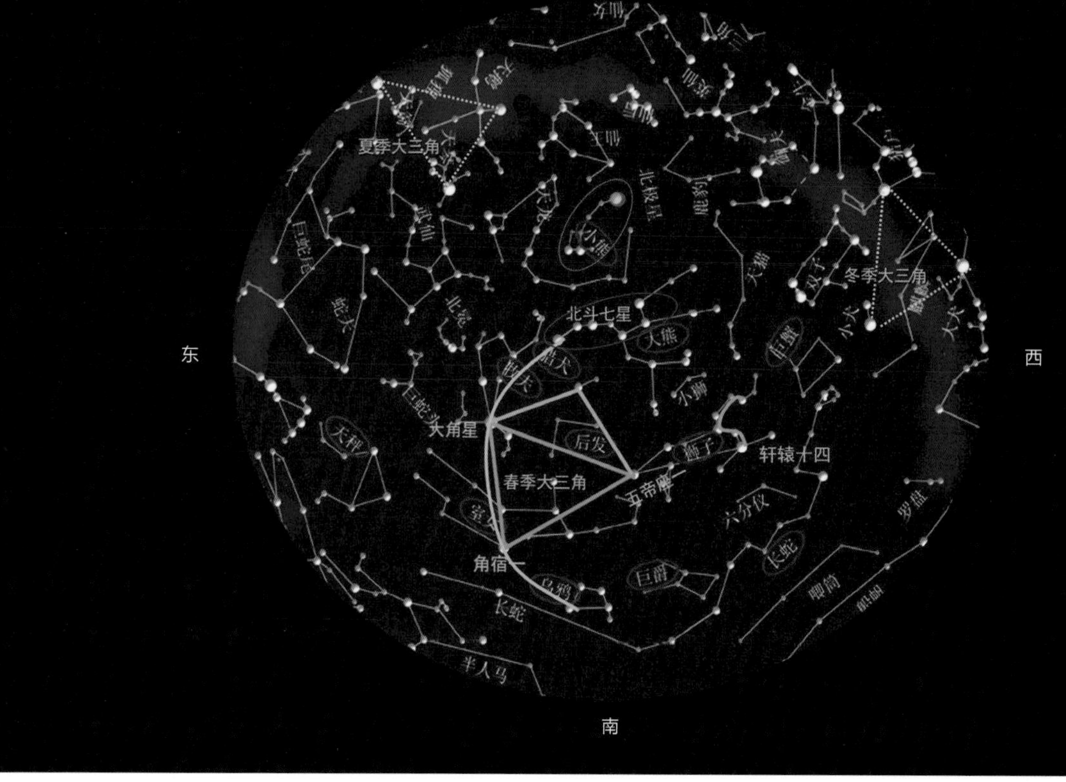

春季星空中的主要星座 Ⓖ

远离闹市灯光，一般都可以在 4—5 月份天黑 1—2 小时后，看见它们出现在正南方的天空中。

可能有些人会疑惑：为什么是 4—5 月份才能在正南方看见春季典型星座，而不是 3—4 月份？因为天球上恒星和星座的分布并不均衡，而春季里只有这 3 个星座里含有 1 等亮星，比较容易辨认，但这 3 个星座基本上是在 4—5 月的天黑 1—2 小时后才移至南方天空。

由于恒星及星座每天西移，春季星座在 3 月天黑 1—2 小时后就出现在天空的东方，4 月天黑 1—2 小时后出现在东南方，5 月天黑 1—2 小时后出现在南方，以此类推，慢慢地向西移动，到 7 月份就不容易看到了。

观察春季星空，如果要找到春季大三角，可以先找狮子座。狮子座东邻春季大三角，西邻冬季大三角，在不受灯光影响的环境中，狮子的头、前胸、后背和尾巴上的星都比较容易辨认。

观察星座，初学者可以把春季典型星座与星座里主要的亮星对应起来。例如：

• 狮子座第一亮星——狮子座 α（轩辕十四），是狮子的心脏，也是黄道上的一颗 1 等亮星，星等 1.35，在全天亮星中排名第 21 位（最后一位）。轩辕是中国上古帝王黄帝的名字，中国古代的轩辕星官共有 17 颗星，形状如黄龙，轩辕十四是其中的第 14 颗星，最亮，故被称为“帝王之星”。

• 狮子座第二亮星——狮子座 β（五帝座一），是狮子的尾巴，一颗 2 等亮星，星等 2.14，与牧夫座 α 和室女座 α 共同组成了“春季大三角”。五帝座是中国古代星官名，在“三垣”之中的太微垣里，与紫微垣星的五帝座对应。五帝座由 5 颗星组成，指天帝处理政务的 5 个座位，呈 X 形状。五帝座一位于 X 形状的中央。

• 室女座第一亮星——室女座 α（角宿一），也是黄道上的一颗 1 等亮星，星

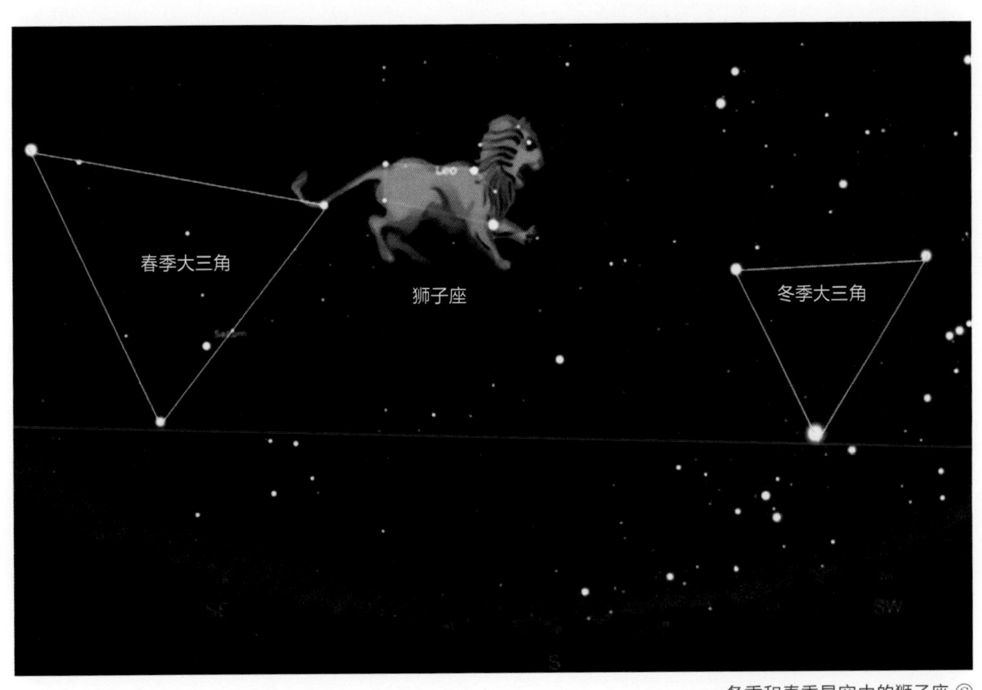

冬季和春季星空中的狮子座 Ⓖ

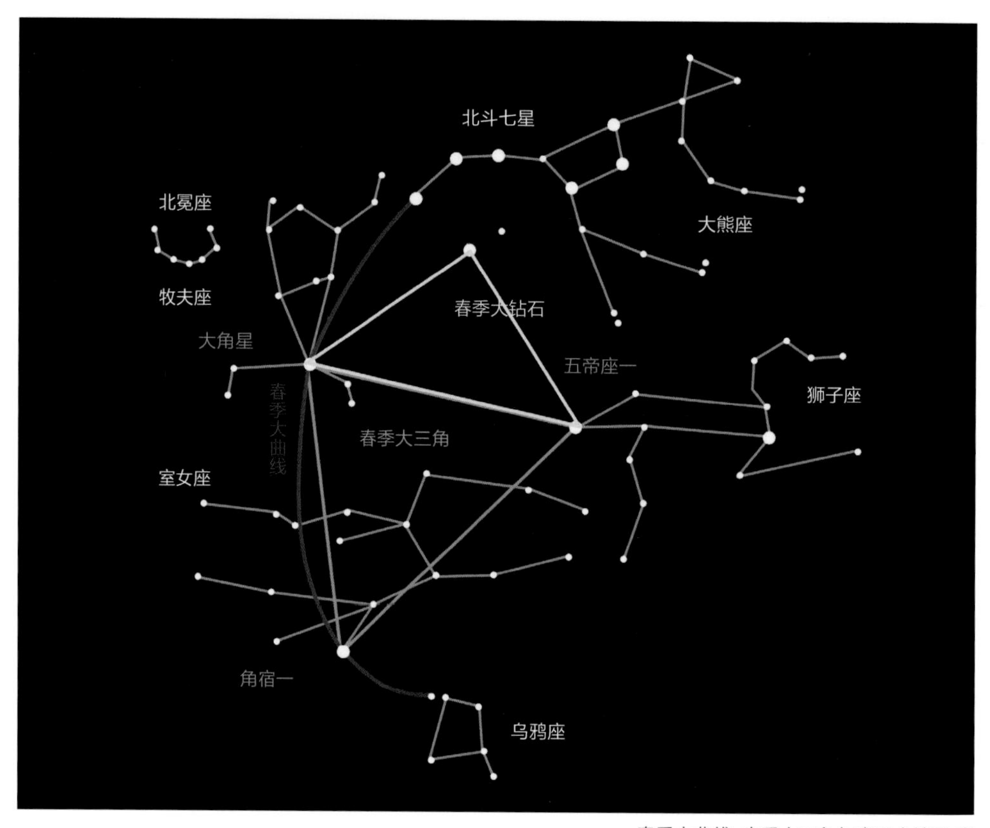

春季大曲线、春季大三角与春季大钻石 Ⓖ

等 1.0，在全天亮星中排名第 16 位。角宿共有两颗星，是中国古代二十八星宿的起始星宿，又代表“四象”之一东方苍龙的角。角宿一是角宿的距星，民间故事“二月二龙抬头”就是指角宿一露出地平线的现象。

• 牧夫座第一亮星——牧夫座 α（大角星），是北天球最亮的星，星等 -0.04，在全天亮星中排名第 4 位。天文史学家认为，根据中国古史记载，黄道带上的东方苍龙原本有两只角，一只是大角，另一只是角宿一。后人大约认为大角星距离黄道太远，才将角宿二变成了这只角。虽然作了这样的改变，但是大角这一星名却一直保留了下来。

春季星空里可以观测的星座有大熊座、小熊座、牧夫座、狮子座、猎犬座、室女座、乌鸦座等。寻找春季星座可以从北半球一年四季都可以看到的北斗七星开始。春季在北半球天顶略偏东北的方向可以看到北斗七星，斗口两颗星的连线指向北极星。顺着斗柄的指向，可以找到一颗亮星，这就是牧夫座 α（大角星），然后顺着一条曲线到达室女座 α（角宿一），再向西南延伸，就看到四颗星组成的乌鸦座（对应中国轸宿的一些恒星）。这一条曲线几乎划过了大约四分之一的天空，被称为“春季大曲线”。在它一侧，春季大三角加上猎犬座 α（常陈一），形成“春季大钻石”。

以上春季星座在我国高、中、低纬度地区都可以看到，只是在不同纬度，看到的各个星座的高度有所不同。我国高纬度（北纬 55°）地区（如最北端的漠河地区）的春季大三角处于天空的中低高度；中纬度（北纬 35°）地区（例如洛阳地区）的春季大三角处于天空的中高高度;低纬度（北纬 18°）地区（例如海南岛）的春季大三角处于天空高处，接近头顶。

夏季星空

夏季最壮观的星空景象是银河。银河两岸的牛郎星、织女星和银河中的天津四组成夏季大三角。三颗星所在的三个星座分别是天鹰座、天琴座和天鹅座，它们也是夏季星空中最著名的星座。夏季银河中还有一个天蝎座，含有一颗 1 等亮星（心宿二），也很有名。

观看夏季星空时，如果要找夏季大三角，最好先找到织女星。在北方中纬度地区，天黑以后，织女星基本就位于头顶附近。然后在它的两个直角方向找两颗很亮的星，直角短边方向的那颗星是天津四，直角长边方向的那颗星是牛郎星。在比较暗的夜空下，可以看到牛郎星前后有两颗小星。中国民间把它们叫作扁担星，是神话故事《牛郎织女》中牛郎挑着的两个孩子。

观察夏季星座，初学者可以把夏季典型星座与星座里主要的亮星对应起来。例如：

夏季星空中的主要星座 Ⓖ

• 天鹰座第一亮星——天鹰座 α（河鼓二，俗称牛郎星、牵牛星），是 1 等亮星，星等 0.77，在全天亮星中排名第 12 位。牛郎星最早叫牵牛星，源于中国民间传说《牛郎织女》。但是古代星象学家在划分星官时没有命名牛郎星官，而是把牛郎星及其一对儿女（前后两颗小星）命名为河鼓星官，属于二十八宿的牛宿。其中牛郎星就是河鼓二，对应的西方星名是天鹰座 α，在银河东岸。

• 天琴座第一亮星——天琴座 α（织女一，俗称织女星），也是 1 等亮星，星等 0.03，在全天亮星中排名第 5 位。在中国古代民间传说中，织女是王母娘娘的外孙女，下到凡间与牛郎结婚生子，过着男耕女织的生活，后被王母娘娘发现，捉回天上问罪。牛郎用扁担挑着一对儿女追到天上，因天河（银河）受阻，只能与织女隔河相望。古代星象学家把织女星划入织女星官（共三颗星），也属于二十八宿的牛宿。我们通常看到的织女星在星官里是织女一，对应的西方星名是天琴座 α，在银河西岸。

• 天鹅座第一亮星——天鹅座 α（天津四），也是 1 等亮星，星等 1.25，在全天亮星中排名第 19 位。天津也是中国古代星官之一，共有九颗星，属于二十八宿的女宿，意为“银河的渡口”。天津四是其中最亮的一颗，对应的西方星名是天鹅座 α，在银河中间。

• 天蝎座第一亮星——天蝎座 α（心宿二），也是 1 等亮星，星等 0.96，在全天亮星中排名 15 位。心宿共有三颗星，是中国古代二十八宿之一，同时也是该宿的统领星官。心宿二是其中最亮的一颗，也是心宿的距星，对应的西方星名是天蝎座 α。

在西方星座传说中，天蝎座 α 被认为是蝎子的心脏，位于南方银河中。心宿二看上去发红，中国古代称其为“大火”。大火星位于黄道上，和同样发红的八大行星之一——火星（古代称为“荧惑”）相似。

春夏之交的星空群星闪烁，有很多美丽的星座可以欣赏。天黑后，春季大三角、春季大钻石、春季大曲线以及春季典型星座（狮子座、牧夫座、室女座等）都移到正南偏西，此时夏季星座正从东方升起。

如果观星者位于中国北方地区，例如北京，可留意观察天蝎座。天蝎座偏南，北京的观察者只有在 6—7 月时，在南方地平线附近才能找到它。这段时间里，银河、夏季大三角（天鹅座、天琴座、天鹰座）、南斗六星（人马座）和武仙座等都是观赏性极佳的美丽星座。

荧惑守心

“荧惑”是中国古人对火星的称呼。古人发现火星呈红色，荧荧像火，但亮度和运动都有不规律的变化，所以产生“荧荧火光，离离乱惑”之说。“荧惑守心”中的“心”就是心宿二，是一颗红色的恒星；“守”的意思是二者相遇而且在相距不远处徘徊一段时间。古人比较害怕天上红色的星，看见两颗非常红的星接近就更怕，认为这是不祥之兆。

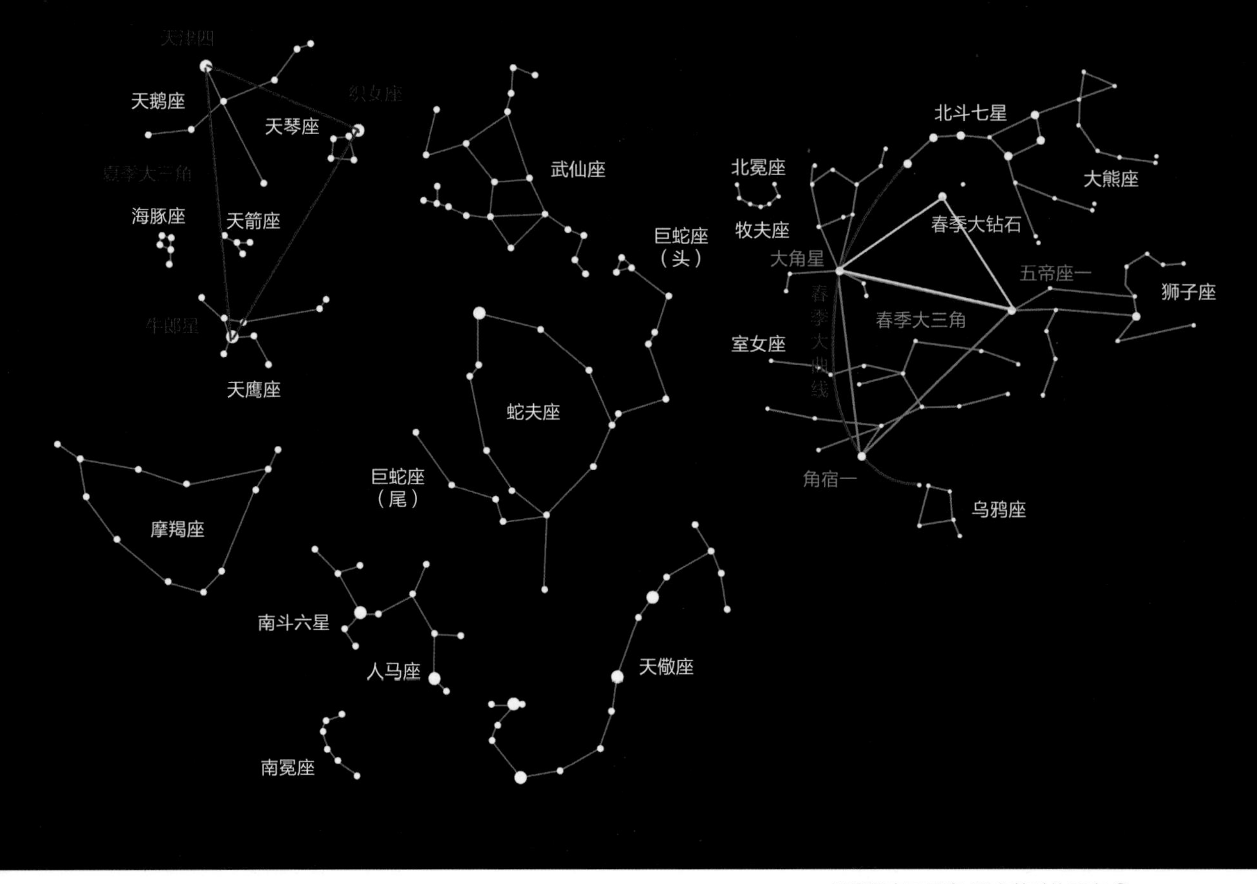

初夏星空可见春、夏交替时的星座 Ⓖ

在我国高、中、低纬度地区，夏季所见星座的高度有所差别。在高纬度地区，例如北纬 55° 的中国最北端漠河地区，天蝎座基本看不见；在中纬度地区，大约 5—7 月傍晚，在南方地平线以上约 20° 左右可以看见天蝎座；在低纬度地区，夏季面向南方，观星者很容易看到天蝎座，而且在很长一段时间内（6—9 月）都可以看到完整的天蝎座。

秋季星空

秋季星空最明显的标志星座是飞马座和仙女座。飞马座的三颗星（α、β、γ）和仙女座的一颗星（α）组成的四边形叫秋季四边形（四个角分别对应中国古代星名的室宿一、室宿二、壁宿一和壁宿二）。它们和附近的英仙座一起，是秋季最著名的星座。

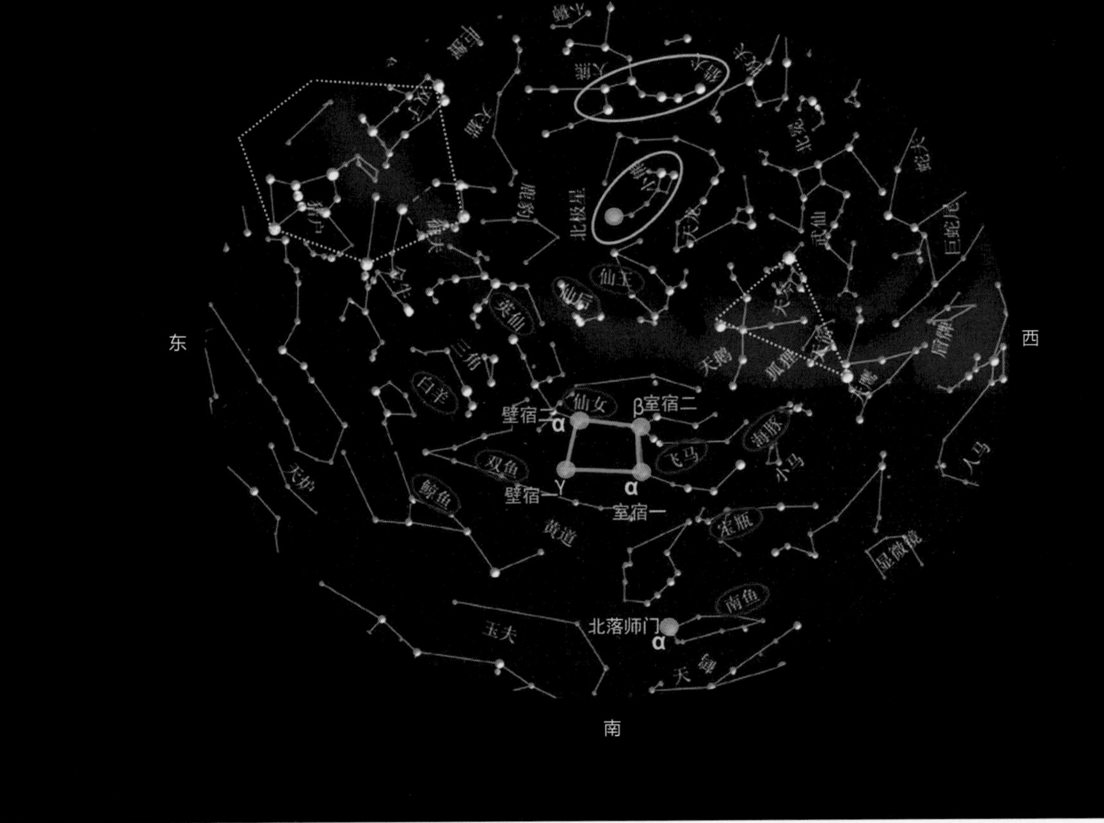

秋季星空的主要星座及秋季四边形 Ⓖ

十月秋高气爽，夜空晴朗而通透，是一年中观星的好季节。但秋季星空中的亮星不多，在全天最亮的 21 颗星中，秋季可见的只有一颗 1 等亮星北落师门。因为北落师门所在的南鱼座里的其他星都很暗，所以只有北落师门一颗星在接近南方地平线处独自闪耀。

观察秋季星座，初学者最好先找到北斗七星。北斗七星指七颗较亮的星星，它们组成一个斗（古代计量粮食的工具）的形状。斗口的四颗星分别叫天枢、天璇、天玑和天权，斗柄的三颗星分别叫玉衡、开阳和摇光。把天枢和天璇二星连接，延长约至五倍距离处，这个位置上的星星，即著名的北极星。在北极星的另一侧，差不多与北斗七星对称的方向，还可以找到由另外一组亮星组成的指极星座——仙后座。仙后座里的五颗亮星组成一个 W 形状，分别将 W 两侧边的两颗星相连，并延长连线至相交（A 点），然后由交点 A 引线与 W 中央的星

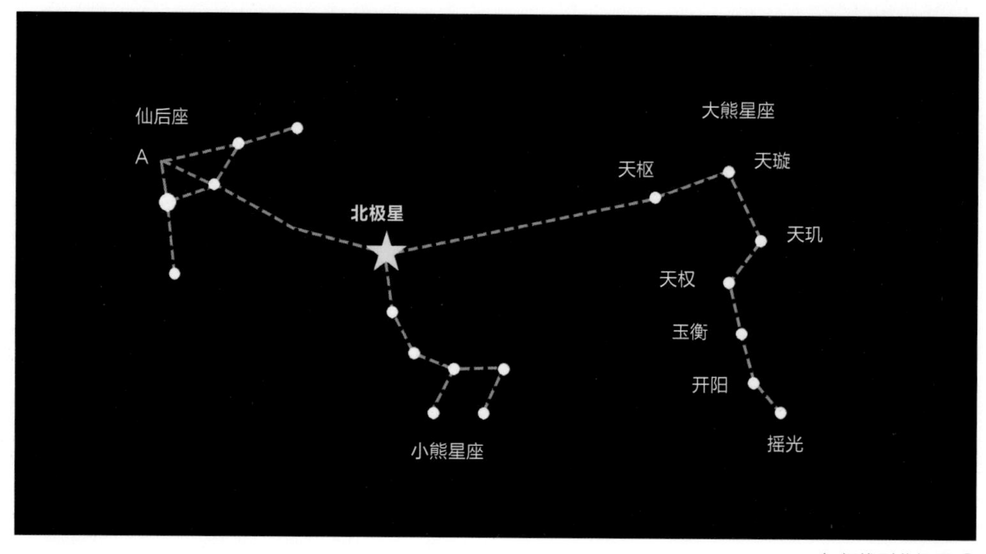

如何找到北极星 Ⓖ

连接，再向前延长约 5 倍的距离，也可以找到北极星。

秋季星空虽然亮星不多，但秋季四边形相对比较明显。要找到这个四边形，可以先找仙后座，然后顺着银河走向找到仙王座和天鹅座，天鹅座的东南方就是秋季四边形了。

秋季星空虽无很多亮星，但却有一个非常重要的看点——仙女座大星云，现在称为仙女座大星系。它为什么会从“星云”变成“星系”呢？这还得从小望远镜时代说起。18 世纪初，人们对用小望远镜就能看见的星星做了详细的记录，发现有一类天体比较特别，那就是彗星。其实古人用肉眼也能看到一些比较亮的彗星，它们是云雾状的一团，拖着形状各异的“尾巴”。在小望远镜时代，当彗星离太阳较远还没有“尾巴”的时候，人们可以从望远镜里观察到它模糊的、在恒星背景里移动的身影，这样就可以预测新彗星的到来。法国的梅西耶是一位“猎彗”能手，他一生共发现了十几颗新彗星，而且把天空中一些云雾状的天体编制成一个表，后人称为《梅西耶星云星图表》，简称《梅西耶天体表》。有一类梅西耶天体以 M 加数字编号，它们不是彗星，但容易跟彗星混淆，因为它们也是云雾状的，但在恒星

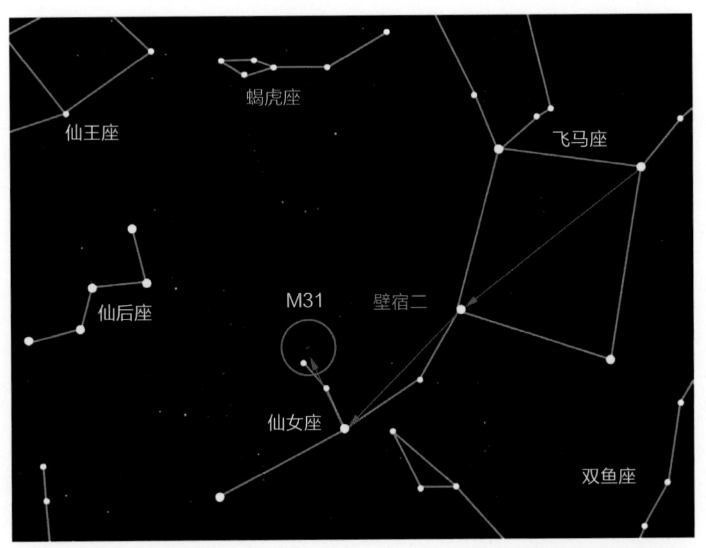

寻找仙女座大星系示意图 Ⓒ

背景里不动，也不拖“尾巴”。其中编号为 M31 的天体就是仙女座大星云，因为在仙女座方向而得名，亮度约 3.5 等，肉眼可见。

到了大望远镜时代，1922—1924 年间，美国著名天文学家哈勃使用当时世界上最大的 2.5 米口径的胡克望远镜，观察到了 M31 中的恒星并计算了距离，得出的结论令当时的人们大为惊讶——M31 距离我们 200 万光年以上！这远远超出了当时人们知道的我们自己所在的银河系的尺度（约 10 万光年）。从此人们才知道银河系外还有其他星系级的天体系统，并称之为河外星系。从此仙女座大星云就更名为仙女座大星系了。

在秋季星空寻找仙女座大星系 M31，需要在非常暗的晴夜里先找到秋季四边形，将对角线向壁宿二方向延长约一倍距离，那附近的一小团云雾状天体就是仙女座大星系。

文化漫游

北落师门

秋季四边形的4颗星分别属于中国二十八宿的壁宿（壁宿一和壁宿二）和室宿（室宿一和室宿二）。北落师门属于二十八宿的室宿北落师门星官。这个星官里只有这一颗星，故星官与星同名。北落师门里的“北”指方位，“师门”即“军门”的意思，“落”是指天上战场的藩落、篱笆，有边防、布防设施的意思。中国汉代长安城的北门就叫“北落门”，其来源与这颗北落师门星有关。

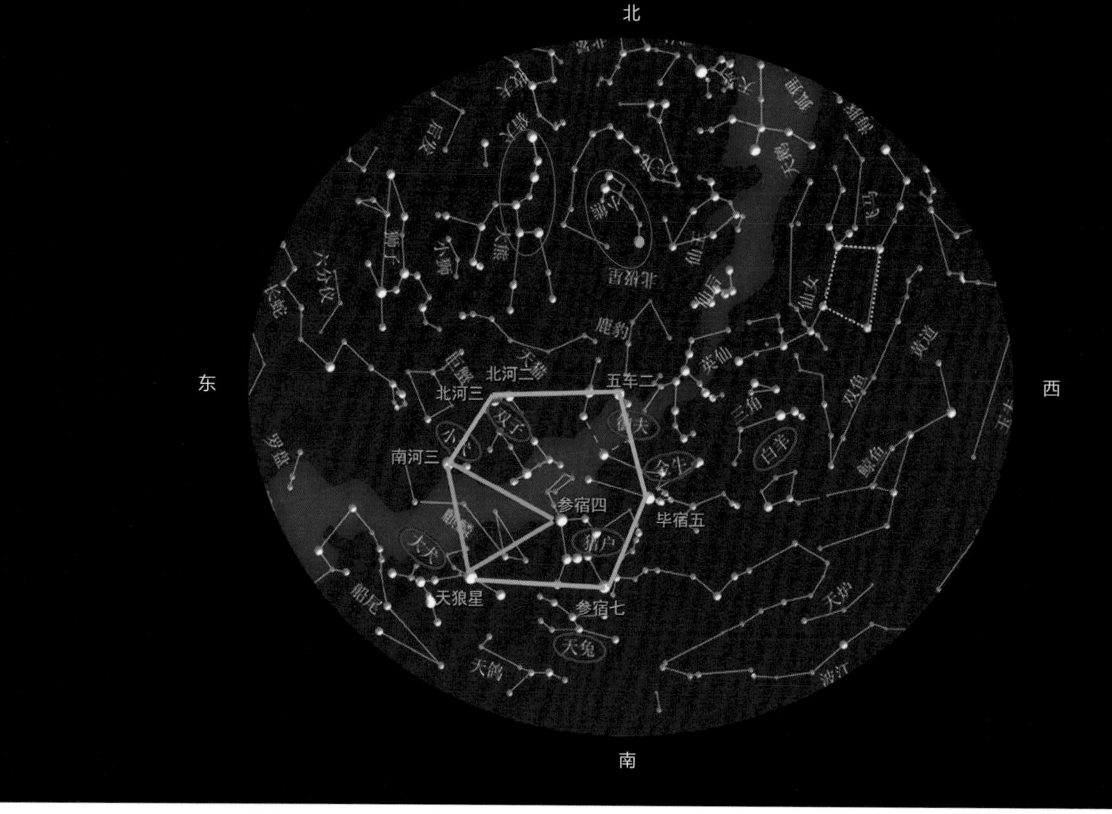

冬季主要星座及冬季三角形、冬季六边形 Ⓖ

冬季星空

冬季是一年中最好的观星季节。冬季星空有很多亮星和星座，典型星座是猎户座（主体对应中国的参宿）。猎户座也是全天最雄伟的星座，由四颗亮星组成一个很大的四边形，好像是猎户的左右肩和左右脚，对应中国星名为参宿五、参宿四、参宿七和参宿六。在四边形的中间还有三颗亮星紧挨在一起，好像猎户的腰带，中国俗称“三星”，对应中国星名为参宿一、参宿二和参宿三。参宿是古代二十八宿中西方白虎七宿中的第七宿。“参”同繁体字的“三”，指参宿中央的三颗星。古代参宿最初只包括参宿一、参宿二和参宿三共三颗星。后来人们又把这三星上下的四颗亮星（参宿四、参宿五、参宿六和参宿七）也归入参宿，再后来人们又把参宿区域里七个星官共 25 颗星都划归参宿统领，参宿增加至 79 颗星。

猎户座的 7 颗亮星在灯光不是特别亮的城市里也可以看到。它们在每年 12 月的晚上 8 点左右出现在东方，1 月的晚上 8 点左右出现在东南方，2 月的晚上 8

点左右出现在南方，以此类推，慢慢地向西移动。3—4月时天黑后出现在偏西方，5 月份就看不到了。

除了猎户座以外，观星者在冬季还能看到很多亮星。大犬座 α（天狼星）是全天第一亮星，小犬座 α（南河三）是全天第八亮星，这两颗星与猎户座 α（参宿四）组成了一个冬季大三角。在中国古代星官体系中，天狼星属井宿中的狼星官（狼星官只有这一颗星），南河三属井宿中的南河星官（共三颗星）。此外，猎户座 β（参宿七）、金牛座 α（毕宿五）、御夫座 α（五车二）、双子座 β（北

文化漫游

“参”与“商”的故事

相传中国三皇五帝时代的高辛氏是商周两朝的先祖。高辛氏有两个儿子，老大叫阏伯，老二叫实沈。两个儿子不和睦，在一起老打架。高辛氏就把阏伯迁移到商丘，做了商朝人的祖先，还用大火星（心宿二）来定时节，所以大火星成了商星；把实沈迁移到大夏，用参星来定时节。天空中的参宿与商（心）宿在方位上差不多相差180度，在中国中纬度地区是看不到它们同时在天上的，一个升起来，另一个就落下去了。所以诗圣杜甫作诗曰“人生不相见，动如参与商”，表达一种距离远、难相见之意。

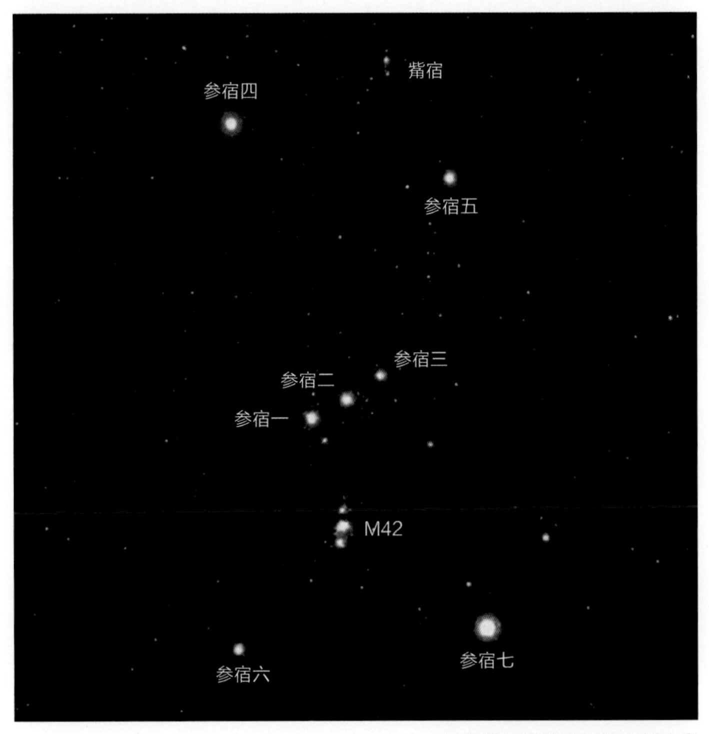

猎户座与参宿对应星示意图 Ⓖ

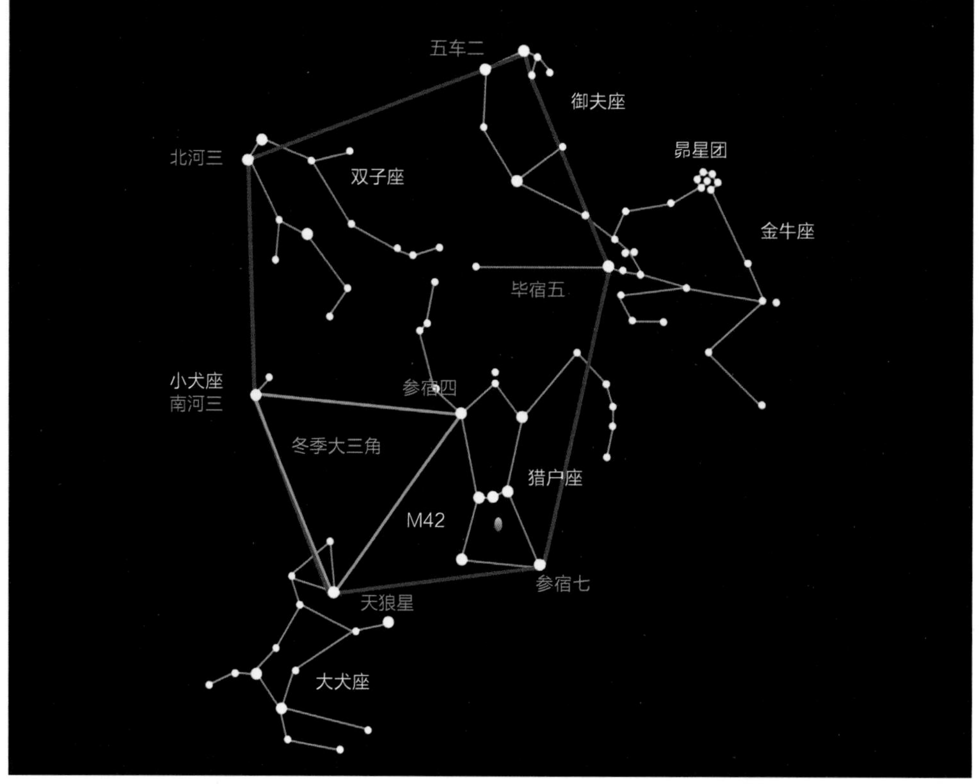

冬季大三角与冬季六边形 Ⓖ

河三）、小犬座 α（南河三）与大犬座 α（天狼星）组成著名的冬季六边形。这个六边形顶点的六颗亮星位列全天亮星排名的前 20（表 7.1），所以冬季是北半球中纬度地区观星者能看到亮星最多也最集中的季节。

除了冬季大三角、冬季六边形这些显著的星座和亮星以外，冬季星空中还有一个肉眼可见的星团——昴宿星团，也就是《梅西耶天体表》里位于金牛座的 M45。在中国古代星官体系中，昴宿是二十八宿之西方白虎七宿中的第四宿，共统领 9 个星官 47 颗恒星。昴宿是统领星官，由角距离很近（约 1°范围内）肉眼可辨的 7 颗较亮的星组成，故民间称为七姐妹星团。冬季星空中还有一个猎户座大星云 M42，位于猎户座腰带三星下面，也是冬季肉眼可见的少数几个梅西耶天体之一。

在我国高、中、低纬度地区，冬季所见星座的高度也有差别。在高纬度地区，如北纬 55° 的中国最北端漠河地区，猎户座位置比较低，快接近地平线了。在中纬度地区，如北纬 35° 的洛阳地区，猎户座差不多在地平高度 40° 以上，观察时基本上不会被地面景物遮挡。在低纬度地区，如北纬 18° 的海南岛最南端，猎户座位置很高，观星者需要仰视才能看到。

表7.1 全天最亮的21颗恒星

排名	星名	星座	星等	距离（光年）	赤纬
1	天狼星	大犬座α	-1.46	8.6	-16°
2	老人星	船底座α	-0.72	74	-53°
3	南门二	半人马座α	-0.27	4.3	-61°
4	大角星	牧夫座α	-0.04	36	19°
5	织女星	天琴座α	0.03	26.5	39°
6	五车二	御夫座α	0.08	45	46°
7	参宿七	猎户座β	0.18	900	-8°
8	南河三	小犬座α	0.38	11.3	5°
9	水委一	波江座α	0.46	120	-57°
10	参宿四	猎户座α	0.58 (var.*)	470	7°
11	马腹一	半人马座β	0.61 (var.)	500	-60°
12	牛郎星(河鼓二)	天鹰座α	0.77	16.5	9°
13	十字架二	南十字α	0.85	320	-66°
14	毕宿五	金牛座α	0.85 (var.)	68	16°
15	心宿二	天蝎座α	0.96 (var.)	520	-26°
16	角宿一	室女座α	0.98 (var.)	250	-11°
17	北河三	双子座β	1.14	35	28°
18	北落师门	南鱼座α	1.16	23	-30°
19	天津四	天鹅座α	1.25	1600	45°
20	十字架叁	南十字β	1.25 (var.)	352	-60°
21	轩辕十四	狮子座α	1.35	85	12°

* var.表示该星为变星（星等有变化的星）。

二 | 黄道星座解谜团

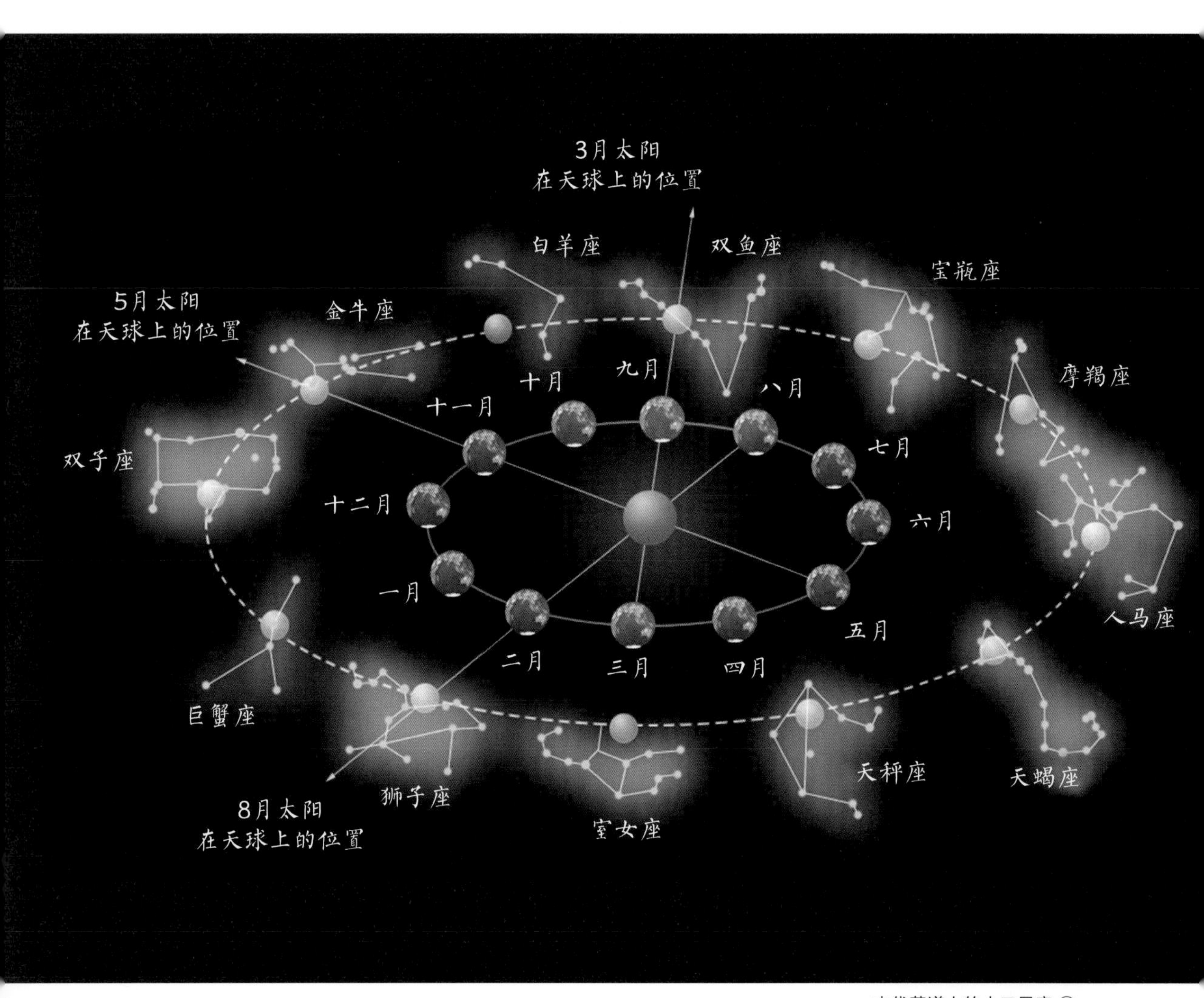

古代黄道上的十二星座 Ⓥ

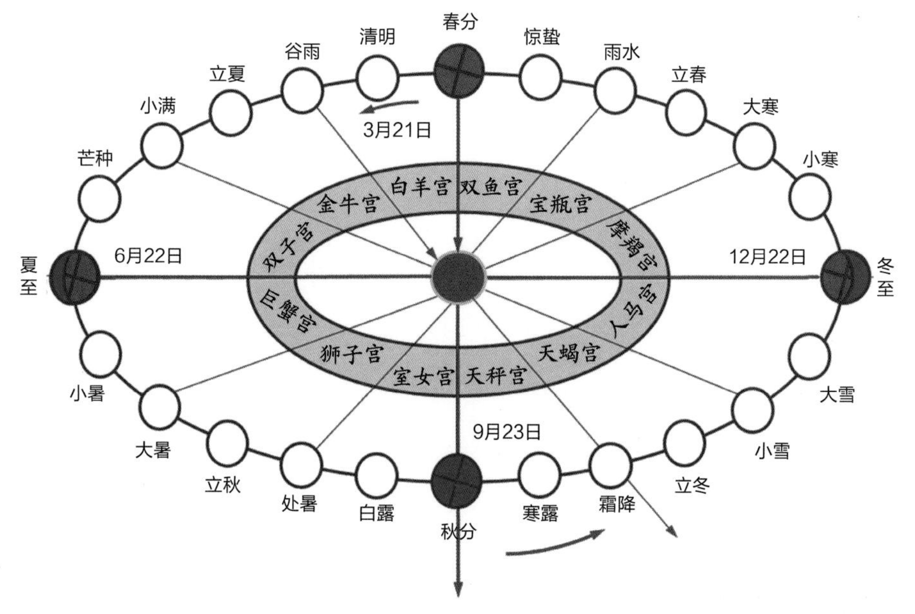

二十四节气和黄道十二宫在黄道上的划分 Ⓖ

地球绕着太阳公转，地球上的我们感觉不到地球的运动，而是看到太阳在恒星的背景里缓慢地移动，一年转一周。这种由地球公转引起但看起来是太阳在做的周年运动，称为太阳的周年视运动。太阳周年视运动在天球上的路径就是黄道。太阳在群星里穿行时所交遇的星座，或者说与黄道线交遇的星座，就是黄道星座。古人把一些星星用假想线连起来，组成一些形状，称为星座；而在黄道上，古人认定了十二个动物形状的星座，称之为黄道十二星座。

需要说明的是，虽然人们知道太阳在群星（星座）里穿行，但太阳正在穿行的那个星座我们是看不见的，只有太阳出了那个星座，人们才能根据多年观察的经验，知道太阳之前穿过了哪个星座，对比之下，就知道太阳现在运行在哪个星座中了。

除了中国，古代其他国家对黄道及黄道星座也有长期观察的历史。古巴比伦人想象太阳神进入的地方应该是金碧辉煌的宫殿，因此就把黄道一周（360°圆周）划分成 12 等份，每等份 30° 为一段，又把每一段称为太阳的一个宫殿，所以就有了黄道十二宫之说。

中国的二十四节气与西方的黄道十二宫都是反映太阳在黄道上的运行，都是把黄道一周均分：中国二十四节气均分 24 等份，每份 15°；西方黄道十二宫均分 12 等份，每份 30°。两者都规定春分点为起始点。

中国古人创建二十四节气来指示气候变化，指导农时。二十四节气反映的是地球与太阳的自然关系，这个关系古今没有发生变化，所以二十四节气至今仍然

表7.2 古代黄道十二宫和公历日期对应表

星宫名	黄道区间	公历日期	对应星座名
白羊宫	0—30	3月21日—4月20日	白羊座
金牛宫	30—60	4月21日—5月21日	金牛座
双子宫	60—90	5月22日—6月21日	双子座
巨蟹宫	90—120	6月22日—7月22日	巨蟹座
狮子宫	120—150	7月23日—8月22日	狮子座
室女宫	150—180	8月23日—9月22日	室女座
天秤宫	180—210	9月23日—10月22日	天秤座
天蝎宫	210—240	10月23日—11月21日	天蝎座
人马宫	240—270	11月22日—12月21日	人马座
摩羯宫	270—300	12月22日—1月19日	摩羯座
宝瓶宫	300—330	1月20日—2月18日	宝瓶座
双鱼宫	330—360	2月19日—3月20日	双鱼座

被我们使用。西方古人也知道太阳在黄道上转一周用时365又1/4天，黄道一周的度数是360°，所以在差不多30天或31天的时间里太阳在黄道上走过30°，于是就有了用日期表示太阳在天空某个宫中的说法（表7.2）。

不过要说明的是，这个表里的日期在古代也不完全严格对应星座，只是表示太阳在某宫里出入的时间，代表的是黄道上30°的空间。因为黄道上的度数人们用肉眼是没有办法度量的，而用日期可以间接表示黄道上每30°的间隔。日常生活中流传的星宫日期代表太阳在星座中的日期这个观点其实是错误的，因为每个星座在黄道上占的宽度是不一样的，而星宫是均分的。

科学家发现，地球除了自转、公转以外，还有另外一种运动，就是自转轴的摇动。地球的运动像陀螺一样，一边自转（1天一周），一边公转（1年一周），其自转轴还在天空中像陀螺一样摇动（约26,000年一周）。从西方占星术士划分黄道十二宫到现在已经过了几千年，而在这几千年里，摇动的地球自转轴已经在天空中划出了大约30°的圆弧，地球自转轴的指向（北天极）也从古代指向天龙座α，变为现在指向小熊座α了。所以，地球自转轴指向发生的移动，导致我们看到的星座方向也跟着在黄道上移动了大约30°，使得古代的星宫日期与现代星座方向失去了当初的对应关系。也就是说，在古代那些表示星宫的日期里，星宫背景基本对应着同名星座；但

趣味坊

好日子为什么叫“黄道吉日”？

黄道吉日的观念，起源于古代人对天象的观察和认知。古人通过对天象的观察，发现太阳、月亮和行星等运行的轨迹和位置，会对人类的生活产生一些影响。因此，古人将一天划分为十二个时辰，每个时辰对应一个星宿或神灵，认为在不同的日子和时辰进行不同的活动，会有不同的吉凶结果。而黄道吉日就是太阳等处于最佳位置，人们诸事皆宜的好日子。

从现代人的眼光来看，黄道吉日没有科学依据，但作为几千年流传下来的习俗，仍然对我们的生活产生着一定的影响。

西方黄道星座图 Ⓟ

现在这些日期里，看到的不是古代背景里的那个星座，而是错开约 30° 的那个星座。因此古代星宫的日期（表 7.2）与现代太阳进入同名星座的日期几乎完全对不上。而且随着时间的推移，二者的偏离会越来越远。现在流传的“生日对应星座”这一说法，日期对应的还是古时候看到的星座，而不是今天看到的星座。由此可见，星座占卜纯属人为，是没有科学根据的。

如今，科学家已经重新划分了黄道星座。现在的黄道上不但有 13 个星座，而且星座是以区域线划分的。所以，与古代以黄道度数划分星座不同的是，现代相邻星座的部分区域很可能在黄道度数上是一样的。

交流展示

1. 我家的地理位置是(用经纬度表示):

2. 我看到的春季星空中最亮的星星是:

3. 我看到的夏季星空中最亮的星星是:

4. 我看到的秋季星空中最亮的星星是:

5. 我看到的冬季星空中最亮的星星是:

[附录一] 制作活动星图

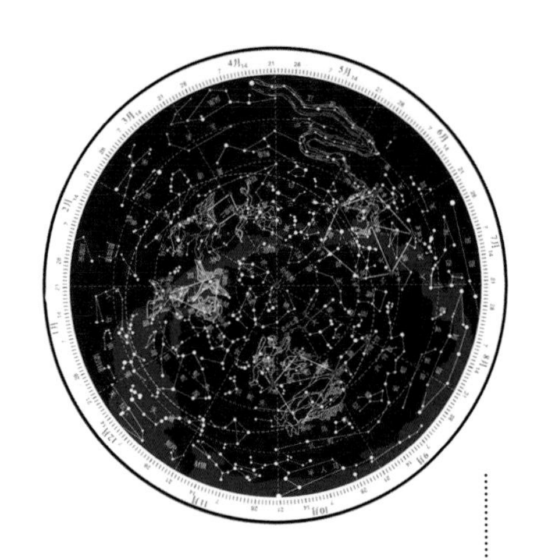

一、材料：

活动星图卡纸、盘套卡纸、大头针、剪刀、胶水。

二、制作步骤

1. 取出随书附赠的活动星图材料，沿轮廓线裁剪出星盘和底盘。

2. 根据使用者所在地区的纬度，在底盘上挖剪出当地地平面的椭圆形窗口。例如，北京的读者可以沿40° N线裁剪(N代表北纬)。

3. 将底盘沿3条红色虚线向内折叠，再在两边折翼(深色面)处涂上胶水，粘在底面上，做成盘套。

4. 把圆形星盘插入盘套。在星盘的中心(北极星附近)用大头针(或圆钉) 穿透星盘和盘套，使星盘和盘套连在一起(星盘能自由转动)。活动星图就做好了。

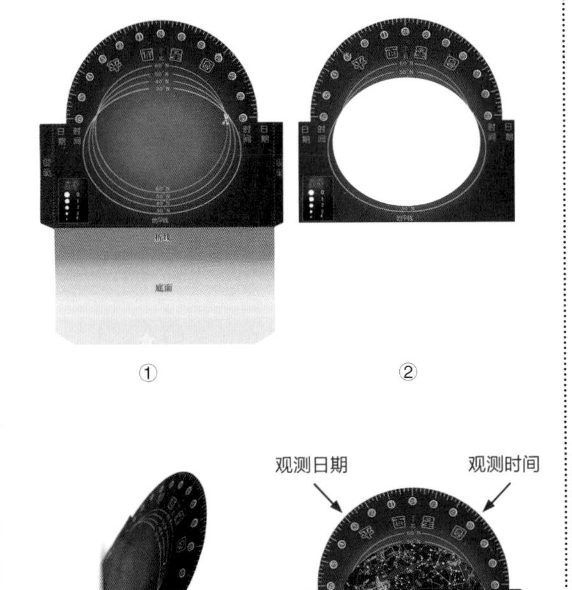

三、使用方法

星盘外圈(白色)上标注的是观测日期，盘套上部红圈里标注的是观测时间。观星时，转动星盘，使其外圈上的日期刻度线(月、日)和盘套红圈里的时间刻度线(时、分)对齐。观星者面朝南，把活动星图举过头顶，使盘套上指“北”的箭头正对北方，此时出现在窗口里的星空图，就是观察者可见的真实的星空。观察天空并反复与星盘对照，根据活动星图里的星座及周围亮星的分布，就可以认出星空中真实的星座和明亮的星星了。

[附录二]《步天歌》(节选)

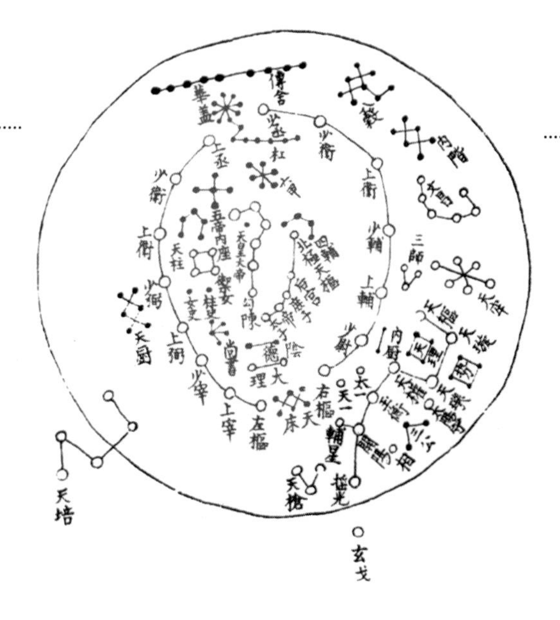

《步天歌》是一部介绍中国古代全天星官的非常特别的著作，通篇360句左右(不同版本略有区别)，用七言押韵的诗歌形式，描述了全天283个星官及其所包含的1464颗恒星的模样和位置。《步天歌》从三垣至二十八宿，逐句逐个描述每个垣、每个宿及其中的每个星官，以及星官中的每一颗星，既通俗简洁，又生动形象，使人在吟唱中就勾勒出星官、星宿的形象画面和组合数目，非常容易记忆，是历代初学者观天认星的必诵口诀。

这里摘录《步天歌》里的"紫微垣"部分，带领大家漫步于古代星空，了解古时帝王将相与普通百姓的天上人间。

中元北极紫微宫("三垣"中紫微垣又称"中元"，紫微垣又称"紫微宫")：北极五星在其中，大帝之座第二珠，第三之星庶子居，第一号曰为太子，四为后宫五天枢；左右四星是四辅，天乙(又叫天一)太乙(又叫太一)当门路；左枢右枢夹南门，两面营卫一十五；左(东)垣：东藩左枢连上宰，少宰上辅次少辅，上卫少卫次上丞，后门东边大赞府；右(西)垣：西藩右枢次少尉，上辅少辅四相视，上卫少卫七少丞，以次却向前门数；阴德门星两黄聚，尚书以次其位五，女史柱史各一户，御女四星五天柱；大理两星阴德边，勾陈尾指北极巅，六甲六星勾陈前，天皇独在勾陈里，五帝内座后门间；华盖并杠十六星，杠作柄象华盖形，盖上连连九个星，名曰传舍如连丁；垣外左右各六珠，右是内阶左天厨，阶前八星名八谷，厨下五个天棓宿；天床六星左枢右，内厨两星右枢对，文昌斗上半月形，稀疏分明六个星；文昌之下曰三师，太尊只向三公明，天牢六星太尊边，太阳之守四势前；一个宰相太阳侧，更有三公向西偏，即是玄戈一星圆，天理四星斗里暗，辅星近着开阳淡；北斗之宿七星明，第一主帝名枢精，第二第三璇玑是，第四名权第五衡，开阳摇光六七名；摇光左三天枪明。

图片来源:

感谢所有相关机构、图片库、艺术家和摄影师允许复制相关作品。我们尽全力寻找相关作品的版权拥有者,如有任何遗漏或疏忽,我们将在第一时间更正。

全书图片除文字说明外,图片来源标记如下:

Ⓒ 中国探月与深空探测网(www.clep.org.cn)

Ⓖ 郭红锋绘制

Ⓝ 中国科学院国家天文台(www.nao.cas.cn)

Ⓟ 已进入公版领域

Ⓢ 上海科技教育出版社

Ⓥ 汉华易美视觉科技有限公司(www.vcg.com)

Ⓧ《星空帝国——中国古代星宿揭秘》

Ⓩ《中国古天文图录》

特别说明:若对本书中的图片来源存疑,请与上海科技教育出版社联系。

图书在版编目（CIP）数据

认识中国观天 / 郭红锋著. --上海：上海科技教育出版社，2024.12.
（认识中国书系 / 周忠和主编）. --ISBN 978-7-5428-8346-9

Ⅰ. P1-49

中国国家版本馆CIP数据核字第2024YZ3673号

认识中国书系

认识中国观天

RENSHI ZHONGGUO GUANTIAN

郭红锋 著

丛书策划　王世平
责任编辑　侯慧菊　张嘉穗　陈怡嘉
版面设计　王彦悉
封面设计　肖祥德
出版发行　上海科技教育出版社有限公司
（上海市闵行区号景路159弄A座8楼　邮政编码201101）
网　　址　www.sste.com　www.ewen.co
经　　销　各地新华书店
印　　刷　上海颛辉印刷厂有限公司
开　　本　787 × 1092　1/16
印　　张　13.75
插　　页　2
版　　次　2024年12月第1版
印　　次　2024年12月第1次印刷
书　　号　ISBN 978-7-5428-8346-9/N·1246
定　　价　88.00元